普通高等院校计算机基础教育“十四五”系列教材
全国高等院校计算机基础教育研究会 2024 年优秀教材

Python 程序设计简明教程

（第二版）

超木日力格　孙领弟◎主编

中国铁道出版社有限公司
CHINA RAILWAY PUBLISHING HOUSE CO., LTD.

内 容 简 介

本书是面向Python程序设计初学者的教材，全书共分为11章。第1章论述Python的特点、安装、使用和程序设计方法；第2章至第4章侧重论述Python的基础知识，包括对象与类型、运算符与表达式、常用的组合数据类型；第5章论述面向过程设计方法中的基本结构；第6章论述函数的定义和使用；第7章论述文件的处理方法，包括文本文件和CSV格式文件的操作；第8章论述图形用户界面设计模块tkinter；第9章则聚焦于几个常用的第三方库，如NumPy、Matplotlib、jieba、wordcloud和用于网络爬虫的requests库；第10章详细论述面向对象编程的概念和特征；第11章给出了一个管理系统综合案例，通过面向过程和面向对象两种设计方法提供了具体的设计方案。

本书通过信息管理系统的案例引出Python语言的相关知识点，每章紧扣实际问题，结合具体案例讲解Python的核心语法和常用库的应用，帮助读者从解决问题的角度掌握程序设计的思路和方法。

本书适合作为高等院校非计算机专业的程序设计课程教材，也可作为初学Python程序设计者的参考书。

图书在版编目（CIP）数据

Python程序设计简明教程/超木日力格，孙领弟主编. —2版. —北京：中国铁道出版社有限公司，2024. 1（2024.12重印）
普通高等院校计算机基础教育“十四五”系列教材
ISBN 978-7-113-30730-1

Ⅰ. ①P… Ⅱ. ①超…②孙… Ⅲ. ①软件工具-程序设计-高等学校-教材 Ⅳ. ①TP311.561

中国国家版本馆CIP数据核字（2023）第254126号

书　　名：Python程序设计简明教程
作　　者：超木日力格　孙领弟

策　　划：魏　娜　　　　编辑部电话：（010）63549508
责任编辑：陆慧萍　闫钇汛
封面设计：尚明龙
责任校对：苗　丹
责任印制：赵星辰

出版发行：中国铁道出版社有限公司（100054，北京市西城区右安门西街8号）
网　　址：https://www.tdpress.com/51eds
印　　刷：北京联兴盛业印刷股份有限公司
版　　次：2021年1月第1版　2024年1月第2版　2024年12月第2次印刷
开　　本：787 mm×1092 mm　1/16　印张：13.25　字数：336千
书　　号：ISBN 978-7-113-30730-1
定　　价：39.00元

前　言

Python作为当今主流的程序设计语言之一，具有优雅和简单的哲学理念，非常适合初学者入门。而且，Python拥有丰富而强大的第三方库，提供了各种功能和工具，使得编程变得更加高效和便捷。

近年来，越来越多的国内高等院校将Python作为计算机专业或非计算机专业的入门教学语言，这也是出于对社会需求的回应。对于初学编程的本科生来说，Python是一个非常合适的选择，因为它易于学习，并且有助于培养学生的编程思维和解决问题的能力。

本书旨在教授学生使用Python语言解决实际编程问题。作为一位教学工作者，编者积累了丰富的教学经验，深知初学者在编程中所遇到的各种问题。因此，本书的设计理念是通过提供清晰、简明的教学内容，帮助学生迅速掌握Python语言，并能够运用它来解决实际的编程难题。

通过本书，学生可以系统地学习Python的基础知识和编程技巧，掌握常用的编程方法和工具。编者希望通过自己的经验和教学方法，帮助学生在编程领域有所建树，并能够运用Python语言在智能时代解决实际问题。

全书分为11章，第1章论述Python的特点、安装、使用和程序设计方法。第2章论述对象与类型，包括对象的基本概念、变量与对象的关系及对象类型。第3章论述运算符与表达式，包括Python中常用的运算符、运算符优先级，以及常用的内置函数。第4章论述常用的组合数据类型：列表、元组、字典和集合。第5章论述面向过程设计方法中的三大基本结构。第6章论述函数的定义和使用。第7章论述文件的特点和基本操作，论述文本文件和CSV格式文件的处理方法。第8章论述图形用户界面设计模块tkinter。第9章在论述Python程序设计思维的同时，特别关注了几个常用的第三方库：NumPy、Matplotlib、jieba、wordcloud库，以及用于网络爬虫的requests库。这些库在实际应用中具有重要的作用，并且能够帮助学生更高效地处理数据和进行可视化。第10章论述面向对象编程的基本概念及三大特征。第11章论述管理系统综合案例，通过面向过程和面向对象两种程序设计方法给出了具体的设计方案。

本书具有以下特点：

（1）以开发信息管理系统为学习Python语言语法的切入点，从局部到整体进行教学，让读者更好地理解和应用语法。

（2）论述语言语法时，不追求大而全，而是围绕问题需求设计案例，精选实用的内容，让读者能够快速掌握实际应用。

（3）在案例中，增加了第三方库使用案例的介绍，让读者更好地理解和应用相关工具。

（4）每个章节都配备了视频资源，以使读者可以直观地了解代码编写和执行过程。

（5）通过案例的源代码展开Python高频知识点的介绍，侧重于培养编程思维能力。

（6）在案例设计方面，打破了常规的散点式案例模式，各章节案例紧密围绕信息管理系统的各个模块进行设计，加深读者对零散语言内容的综合运用能力。

（7）书中的核心内容简洁而紧凑，部分知识点的详细介绍采用附录的形式，以便于读者进行查阅和学习。

本书由中央民族大学超木日力格、河北水利电力学院孙领弟主编。其中，第1、5、10、11章由超木日力格、王淑琴共同编写，第2、3章由孙领弟编写，第4、6、7章由孙领弟、丁仁伟共同编写，第8、9章由超木日力格编写。书稿编写工作得到了中央民族大学公共计算机教学部主任赵洪帅老师的大力支持和帮助，在此表示衷心的感谢。

本书受全国高等院校计算机基础教育研究会项目(项目编号：2021-AFCEC-124）支持，并获评全国高等院校计算机基础教育研究会2024年学术成果推优活动优秀教材。

由于时间仓促，编者水平有限，书中难免存在疏漏与不妥之处，敬请广大读者批评指正。欢迎读者将本书的不足之处提供给作者，联系邮箱 chaomurilige@muc.edu.cn。

编　者

2024年12月

目 录

第1章 程序设计绪论（Python版本）... 1

1.1 计算机编程语言 1

1.1.1 机器语言 2

1.1.2 汇编语言 2

1.1.3 高级语言 2

1.2 程序的编译与解释 3

1.3 Python简介 4

1.3.1 Python的特点 4

1.3.2 Python的版本 5

1.3.3 Python的应用领域 5

1.4 Python的安装 6

1.4.1 下载Python安装包 6

1.4.2 Python安装步骤 7

1.5 Python程序的开发环境 8

1.5.1 IDLE简介 8

1.5.2 交互方式 8

1.5.3 文件方式 9

1.6 程序设计方法 10

1.6.1 面向过程的程序设计 10

1.6.2 面向对象的程序设计 10

1.7 程序的IPO模型 11

1.8 算法的描述 11

第2章 对象与类型 14

2.1 对象的基本概念 14

2.2 变量与对象 16

2.2.1 Python中的变量 16

2.2.2 变量与对象的关系 17

2.3 对象类型 18

2.4 数字 19

2.5 字符串 21

2.5.1 Python中的字符串 21

2.5.2 字符串的索引与切片操作 22

2.5.3 字符串的函数与方法 24

第3章 运算符与表达式 26

3.1 Python运算符 26

3.2 运算符的优先级 29

3.3 常用内置函数 31

3.4 常用的字符串方法 34

第4章 组合数据类型 41

4.1 组合数据类型的分类 41

4.2 列表 42

4.2.1 列表的基本操作 42

4.2.2 列表常用操作符 44

4.2.3 列表常用函数或方法 45

4.3 元组 50

4.3.1 元组的基本操作 50

4.3.2 元组的独特性 51

4.4 字典 51

4.4.1 字典的基本操作 51

4.4.2 字典的内置函数和方法 52

4.5 集合 54

4.5.1 集合的基本操作 55

4.5.2 集合的其他操作 57

4.5.3 集合可用的方法 58

4.6 应用实例 59

第5章 程序基本结构 62
5.1 顺序结构 62
5.2 分支结构 63
5.2.1 单分支结构 63
5.2.2 双分支结构 64
5.2.3 多分支结构 65
5.3 循环结构 66
5.3.1 while语句 66
5.3.2 for语句 67
5.3.3 循环的嵌套 69
5.4 循环控制保留字 70
5.5 程序异常处理 72
5.6 应用实例 74
第6章 函数 77
6.1 函数的定义和调用 77
6.2 函数的参数传递 79
6.3 变量的作用域 80
6.4 函数模块化编程 81
6.5 应用实例 83
第7章 文件 86
7.1 文件的打开和关闭操作 86
7.2 文件的读写操作 87
7.3 文本文件操作 88
7.4 CSV格式文件的读写 89
7.5 应用实例 92
第8章 图形用户界面设计 96
8.1 Python GUI模块介绍 96
8.2 tkinter模块介绍 97
8.2.1 标签和按钮组件 97
8.2.2 输入框组件 99
8.2.3 组件Spinbox、OptionMenu、Text和Combobox 101
8.2.4 菜单 103
8.2.5 窗体 106
8.3 应用实例 110
第9章 Python程序设计思维 116
9.1 计算思维 116
9.2 Python计算生态 119
9.2.1 Python标准库 119
9.2.2 Python第三方库 122
9.3 第三方库的安装与使用方法 124
9.4 分词——jieba 126
9.4.1 基于jieba库的分词 126
9.4.2 添加自定义字典 127
9.4.3 实现关键词提取 128
9.5 词云——wordcloud 128
9.6 数据分析——NumPy 131
9.6.1 NumPy数组的创建 131
9.6.2 NumPy数组变形 133
9.6.3 NumPy数组的运算 134
9.7 数据可视化——Matplotlib 136
9.7.1 绘制折线图 137
9.7.2 绘制子图 138
9.7.3 绘制散点图和柱状图 140
9.7.4 显示图片 142
9.8 网络爬虫 143
9.9 应用实例 147
第10章 面向对象编程 151
10.1 类和对象的概念 151
10.1.1 类和对象 151
10.1.2 对象属性和方法 152
10.1.3 构造方法与非构造方法 153
10.1.4 类的属性和方法 156
10.2 面向对象的三大特征 158
10.2.1 封装 158
10.2.2 继承 161
10.2.3 多态 162

10.3　应用实例 164

第11章　综合案例 166

11.1　系统功能描述 166

11.1.1　文件数据 166

11.1.2　需求分析 167

11.1.3　系统功能图 167

11.2　结构化设计方案 168

11.2.1　程序设计思路 168

11.2.2　程序流程图 168

11.2.3　程序文件结构 169

11.2.4　程序代码 170

11.3　面向对象设计方案 177

11.3.1　设计思路 177

11.3.2　程序结构剖析 178

11.3.3　程序代码 179

附录 199

附录A　Python关键字 199

附录B　GUI组件属性 200

附录C　Matplot相关函数参数 202

第1章 程序设计绪论（Python版本）

用计算机程序解决问题，首先是人设计出解决问题的思路，然后使用程序语言编写程序，最后让计算机执行程序。程序的设计和编写者是人，程序的执行者是计算机。为了人机之间能够顺畅地交流，诞生了多种高级程序设计语言，其中，Python就是当今流行的高级程序设计语言之一。本章内容涵盖程序设计的基本概念、Python程序的执行方式和开发环境的配置。

学习目标

通过本章的学习，应该掌握以下内容:

（1）程序设计语言。

（2）程序的编译与解释。

（3）Python的特点。

（4）如何安装Python。

（5）IDLE的使用方法。

（6）程序设计的基本方法。

1.1 计算机编程语言

计算机是20世纪最重要的发明之一，它深刻地影响了我们的生活，改变了我们的社会。那么，计算机又是如何工作的呢？计算机是一种以指令为基础进行数据操作的机器，而这些指令组成的程序能够告诉计算机什么时候、如何获取数据并进行处理，然后产生特定的结果。计算机的核心部件是中央处理器（central processing unit，CPU），CPU通常也被称为微处理器（microprocessor）。CPU能够执行程序指令，并且它还包括了一些内存、输入输出（I/O）和其他关键的电子元件，用于支持计算机的运行和使用。现在，常见的台式计算机、笔记本计算机、平板计算机等都是通用计算机，能够运行不同类型的程序来完成不同的任务，例如玩游戏、浏览网页、处理办公任务等。同时，计算机也为人工智能和科学研究领域提供了强大支持，它能够进行复杂的数据分析和数值计算，促进了这些领域的快速发展。

编程语言是人与计算机进行交流的工具，它通过一定的语法和规则来编写程序，告诉计算机该如何执行任务和处理数据。编程语言可以分为多种类型，例如低级语言和高级语言。低级语言包括机器语言和汇编语言，它们更接近计算机硬件的操作方式，能够直接操作计算机的指令和寄存器。而高级语言则更加友好，它提供了更抽象和易于理解的语法和结构，使得程序员能够更加方便地编写复杂的程序。下面，我们具体介绍各种语言的工作原理。

1.1.1 机器语言

机器语言是用二进制代码表示的计算机能直接识别和执行的一种机器指令系统的集合。机器语言通过 0 和 1 来表示的计算机指令和数据。在机器语言中，每个指令都对应着一个特定的操作码（operation code），它告诉计算机要进行什么操作。

机器语言使用二进制代码来表示指令和数据。指令由操作码和操作数组成，需要按照特定的格式和规则进行编写，包括指定操作码、操作数的个数和类型等。机器语言的编写是非常复杂、烦琐和容易出错的，它要求程序员深入了解指令集和硬件架构的知识，并且需要小心谨慎地编写和调试程序，以确保指令的正确性和可靠性。因此，机器语言更多地被用于系统级编程，如操作系统、驱动程序、嵌入式系统等领域，这些应用程序需要直接与计算机硬件打交道，利用底层硬件资源来进行开发和操作。

虽然这种语言的优势是简洁、可以直接执行，速度较快，但是不便于人类阅读和编程，直观性差，非常容易出错，程序的检查和调试都比较困难，此外对机器的依赖型也很强。在实际应用中，人们通常会使用高级语言和汇编语言来代替机器语言，从而更加方便地进行编写和调试。这些语言会被编译成机器指令以便计算机执行，而机器语言则被当作底层的语言进行直接操作。

1.1.2 汇编语言

汇编语言是为了解决机器语言编写的复杂性和困难性而诞生的一种低级编程语言。相对于机器语言，它使用易于理解和记忆的助记符来表示指令和数据，从而增加了代码的可读性和易用性。汇编语言针对不同的机器指令集有对应的表示方式，使用易于理解和记忆的名称和符号来表示机器指令中的操作码，从而可以编写针对特定计算机系统的程序。

需要注意的是，汇编语言并不像高级语言那样可以在不同的系统平台之间轻松移植，而是专用于某种具体的计算机系统结构。汇编语言的核心是汇编指令，它是二进制指令的文本形式，与指令是一一对应的关系。比如，加法指令的二进制形式 00000011 可以用汇编语言表示为 ADD。但是，使用汇编语言编写的程序无法被计算机直接识别和执行，需要借助汇编程序将其翻译成机器语言。这个过程被称为汇编，它会将每条汇编指令转换为对应的机器指令，生成可以被计算机硬件执行的二进制代码。

总之，汇编语言是为了解决机器语言编写的复杂性和困难性而产生的一种低级编程语言。它使用助记符来表示指令和数据，可以直接访问硬件资源，具有更高的灵活性和更高的效率。然而，由于汇编语言程序需要手动安排每一个运算细节，使得其编程过程变得相对烦琐和复杂，最后，需要通过汇编程序将其翻译成机器语言，才能在计算机上执行。

1.1.3 高级语言

高级语言是一种设计用来方便计算机程序员编写程序的语言。它与自然语言相似，具有更接近人类思维的表达方式，使得编写的程序更加直观和易学。相比于机器语言和汇编语言，高级语言将程序员从底层硬件细节中解放出来，使他们能够更专注于程序的逻辑和功能设计。此外，高级语言还具备跨平台的优势，同一个高级语言编写的程序可以在不同操作系统和计算机架构上运行，提高了程序的可移植性和推广应用的便利性。目前，各种高级语言如Java、Python、C++、JavaScript等都在不同领域有着广泛的应用，为计算机事业的发展做出了重要贡献。

高级语言的发展历史可以追溯到20世纪50年代末期。在此之前，计算机程序主要使用机器语言或汇编语言编写，对程序员而言要求熟悉硬件结构和指令集，编写程序效率低且容易出错。1954年，美国计算机科学家约翰·麦卡锡（John McCarthy）提出了LISP语言，它是第一种被广泛认可的高级语言之一。LISP采用了括号表示法，强调符号处理和递归，被用于人工智能领域。随后的几年中，高级语言的发展进入了一个高潮期。

1957年，FORTRAN（formula translation）语言诞生，成为首个广泛应用于科学计算的高级语言。1960年，ALGOL（algorithmic language）诞生，成为通用算法描述语言。20世纪60年代至70年代，高级语言继续演进。COBOL（common business-oriented language）出现，专注于商业应用；BASIC（beginner's all-purpose symbolic instruction code）问世，致力于教育和初学者；C语言由丹尼斯·里奇（Dennis Ritchie）和肯·汤普逊（Ken Thompson）开发，成为一种高效的系统编程语言。进入80年代，面向对象编程开始兴起。Smalltalk、C++等语言推动了面向对象思想的普及，带来了更强大的封装性和代码复用性。随着互联网的崛起，90年代见证了Web编程语言的兴起，比如Perl、PHP、JavaScript等。这些语言为网页设计和动态交互提供了便捷的工具。进入21世纪，各种高级语言不断涌现和演化，Python、Java、Ruby、Swift等语言在软件开发、数据分析、人工智能、移动应用等方向都得到广泛应用。

高级语言的发展历史经历了多个阶段，从最初的LISP、FORTRAN、ALGOL到后来的C、面向对象编程，再到互联网时代的Web编程，每一个阶段都推动了计算机编程的发展和应用范围的扩大。高级语言的不断演化和创新，使得程序开发更加高效、易用、灵活和可维护。

总的来说，计算机程序设计语言的发展是随着计算机科学技术及其应用在不断发展的，机器语言、汇编语言和高级语言的不同特点见表1-1。

表1-1　计算机编程语言

语言类型	语言级别	语言构成	如何执行	是否生成目标程序	举　例
机器语言	低级语言	二进制代码	直接执行	否	
汇编语言	低级语言	助记符	通过汇编程序翻译成机器语言	是	
高级语言	高级语言	更接近人类语言	通过编译器或解释器将源代码转换为机器可执行的指令	解释语言：否 编译语言：是	Python

1.2　程序的编译与解释

视　频

编译与解释

相对于机器语言，高级语言更接近人类的自然语言，更易于理解和编写。使用高级语言编写的程序时，程序员可以使用更加抽象和方便的语法结构和代码组织方式。

在执行高级语言程序之前，需要将高级语言代码转化为机器语言。这可以通过编译器或解释器来完成。编译器将整个高级语言代码一次性地翻译成等效的机器语言程序，生成一个可执行文件，该文件可以直接在计算机上运行。而解释器则逐行解释高级语言代码，并即时执行。解释器将源代码逐行翻译成机器语言并立即执行，不会生成可执行文件。

1. 程序的编译过程

编译过程是将高级语言代码转化为低级机器码，生成可执行文件或目标文件后才能运行，如图 1-1 所示。在编译时，编译器会对代码进行优化，消除冗余、简化表达式，并生成中间代码，然后再将中间代码翻译成与目标计算机硬件平台相关的机器码，并最终生成目标文件。这种方式下，源代码只需编译一次，生成的机器码可以在多个场景下执行，因此执行效率较高。但是，由于编译过程需要独立地执行，因此不方便进行调试。此外，由于编译时需要考虑不同的硬件平台，因此需要针对不同的平台分别编译，不具有跨平台性。

2. 程序的解释过程

解释过程是逐行解析和执行源代码的过程。在解释时，解释器将源代码逐行读取，将其转化为中间代码或直接执行，输出结果可以即时获取，如图 1-2 所示。解释器一般不会生成可执行文件，而是直接对源代码进行识别和执行。这种方式下，由于代码是一行一行被执行的，因此每次执行的开销比较大，执行效率较低，但是与编译相比更加灵活，因为解释器可以根据不同的环境和输入动态执行代码。此外，解释过程也具有跨平台性，因为解释器可以在任何平台上运行，只要有对应的解释器即可。

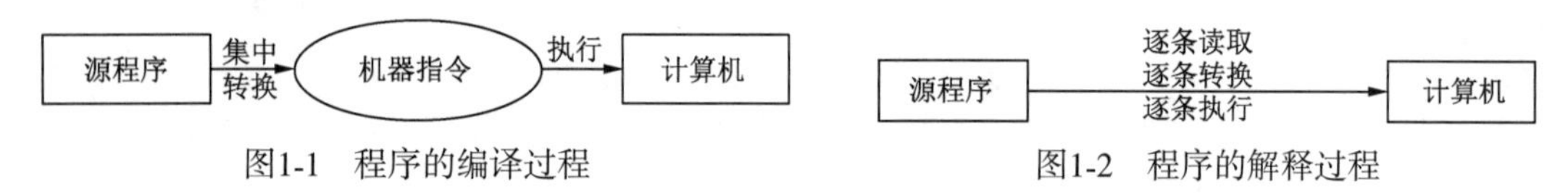

图1-1 程序的编译过程　　图1-2 程序的解释过程

编译型语言在执行前需要经过编译阶段，而解释型语言则是边解释边执行，没有明显的编译过程。两种方式各有优点和缺点。编译具有较高的执行效率，支持静态类型检查和错误检测，但编译过程相对较慢，不适合频繁修改代码。解释具有较高的灵活性和跨平台性，支持动态类型检查和即时输出结果，但执行效率较低。选择编译还是解释取决于具体的应用场景和需求。有些语言，如 Python 语言，采用了混合型的方式，结合了编译和解释的优势，以兼顾执行效率和灵活性。

1.3 Python简介

视 频

Python 的历史和发展

Python 是由荷兰人吉多·范罗苏姆（Guido van Rossum）研发的一种面向对象的、解释型高级编程语言。自正式发布以来，Python 的使用率呈线性增长。2019 年 9 月 IEEE Spectrum 发布的研究报告显示，在编程语言排行榜中，Python 稳居榜首并连续三年夺冠。其实，Python 在国外早已普及，Python 在国内的使用热情最近几年才高起来，并正处于快速上升期，人工智能的兴起让 Python 语言更为流行。

1.3.1 Python的特点

Python 语言的设计贯穿着优雅、简单的哲学理念，以至于有“人生苦短，我用 Python”的说法。为了提升编程的效率，Python 从一定程度上牺牲了性能，让程序员不必关注底层细节，把精力全部放在程序思路的设计上。正如《Python 编程快速上手》（AI Sweigart 著，王海鹏译）所提到的那样，Python 为你提供了自动化处理琐碎事务的能力，让你专注于更令人兴奋和有用的事情上。总结起来，Python 语言的主要特点包括：

- 简洁友好：对初学者来说，入门快。
- 可扩展性：可以将其他语言制作的模块（尤其是 C++）很轻松地连接在一起。
- 可嵌入性：Python 可以嵌入到 C、C++中，为其提供脚本功能。
- 免费开源：Python 是开放源码软件，允许自由发布。
- 可移植性：Python 可以运行在不同的平台上。
- 丰富的库：Python 拥有许多功能丰富和强大的库。
- 面向对象：Python 是完全面向对象的语言，也支持面向过程。

对于初学者来说，学习 Python 可以快速打开通往编程之路的大门，感受程序的优美与强大。对于经验丰富的程序员，学习 Python 意味着在已有的“武器库”中增加一个崭新的、强大而有力的工具。

1.3.2　Python的版本

Python 语言于 1989 年底研发完成，第一个公开版本于 1991 年发行。目前，Python 有 2.x 和 3.x 两个不同系列的版本，其中，x 表示小版本号。目前，Python 2.x 和 3.x 中的最新版本分别是 2.7.18 和 3.12.0（编写书稿前日期）。

为了避免烦琐，Python 3.x 版本不支持向下兼容，许多使用 Python 2.x 版本设计的程序无法迁移到 Python 3.x 上运行。Python 开发团队也无法短时间内把 Python 2.x 的所有项目和类库都转到 Python 3.x 上面，所以，两个版本保持并行开发和维护的状态。但 Python 3 系列的更新速度远快于 Python 2 系列，2020 年元旦，Python 官方正式停止对 Python 2 系列的支持和维护。对现在刚开始学习 Python 的读者，建议直接选择使用 Python 3 系列的稳定版本。

1.3.3　Python的应用领域

学习任何一门程序设计语言的目的都是编写满足具体需求的程序，进而解决实际问题。Python 作为当今主流的程序设计语言之一，不仅简单易学，而且功能强大，尤其是它不断补充和更新的第三方库，让 Python 能够满足多个应用领域的开发需求。

1. 网络编程

在互联网时代，网络编程几乎无处不在，尽管 PHP 和 JS 依然是 Web 开发的主流语言，但 Python 在网络编程方面的上升势头迅猛，尤其是随着 Python 的 Web 开发框架逐渐成熟（比如 Django、flask、TurboGears、web2py 等），程序员可以轻松地实现 Web 开发、搭建 Web 框架。利用框架可以快速地开发出各种 Web 应用，小到个人博客，大到商品化的产品，Python 的 Web 框架都能够胜任。

2. 人工智能

人工智能（artificial intelligence,AI）是当今研究的热点，Python 可以说是 AI 时代的头牌语言，它在人工智能领域内的机器学习、神经网络、深度学习等方面都有天然的优势。目前世界上优秀的人工智能学习框架，比如 Google 的 TensorFlow（神经网络框架）、FaceBook 的 PyTorch（神经网络框架）以及开源社区的 Karas 神经网络库等都是用 Python 实现的。

3. 数据分析与运算

Python 在科学计算和数据分析领域也很活跃，它有非常成熟和优秀的第三方库，如 NumPy、

SciPy、Matplotlib、pandas 等，可以方便地进行数据处理、绘制高质量的 2D 和 3D 图像等。美国国家航空航天局（NASA）自 1997 年就大量使用 Python 进行各种复杂的科学运算。

4. 网络爬虫

网络爬虫就是通过自动化的程序在网络中进行数据的采集及处理。Python 语言很早就被用来编写网络爬虫，它提供了很多服务于编写网络爬虫的工具，例如 urllib、Selenium 和 BeautifulSoup 等，还提供了网络爬虫框架 Scrapy。Google 搜索引擎公司就大量地使用 Python 编写网络爬虫，可以说 Python 在网络爬虫方面也被视为首选。

5. 图形用户界面

图形用户界面（graphical user interface,GUI）给程序提供一种直观、友好的图形化人机交互方式，让程序的使用变得方便而友好，进而可以把成果分享给更多不懂程序的人。Python 在 GUI 程序设计方面也提供了强大的支持。比如，Python 内置的 tkinter 模块可以实现相对简单、交互不复杂的 GUI 程序；PyQt5/PySide2 是 Qt 的 Python 封装包，功能强大，可编写复杂的 GUI 程序。

除了上面介绍的几个主要应用领域，Python 在其他一些领域也有较多应用，如网络安全、云计算、游戏开发、自动化运维等。

1.4 Python的安装

1.4.1 下载Python安装包

（1）打开官网，进入图 1-3 所示的页面。

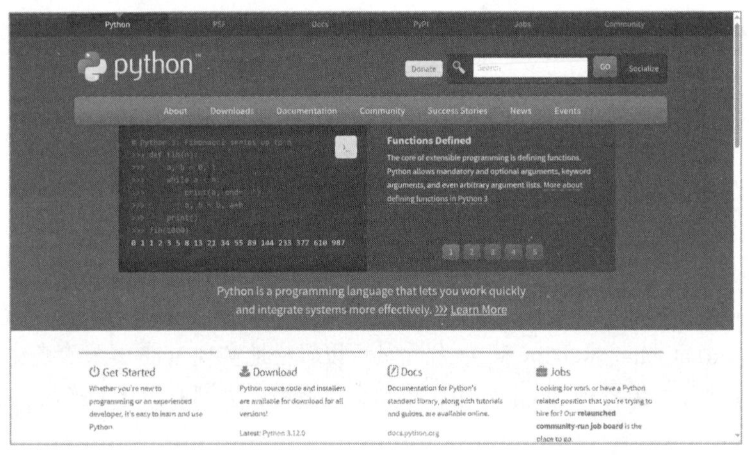

图1-3 Python官网主页

（2）由于 Python 是跨平台的，支持 UNIX、Windows 和 macOS 等操作系统，可以根据自己的操作系统下载相应的安装包。这里以在 Windows 操作系统下安装 Python 3.12.0 为例介绍安装过程。单击“Downloads”选项卡，在下拉列表中选择“Windows”选项，如图 1-4 所示。

（3）打开图 1-5 所示的“Python Releases for Windows”页面，Stable Releases 是稳定发布版本的链接列表，Pre-releases 是预发布版本的链接列表。在 Stable Releases 列表中找到需要的版本，单击链接即可下载。

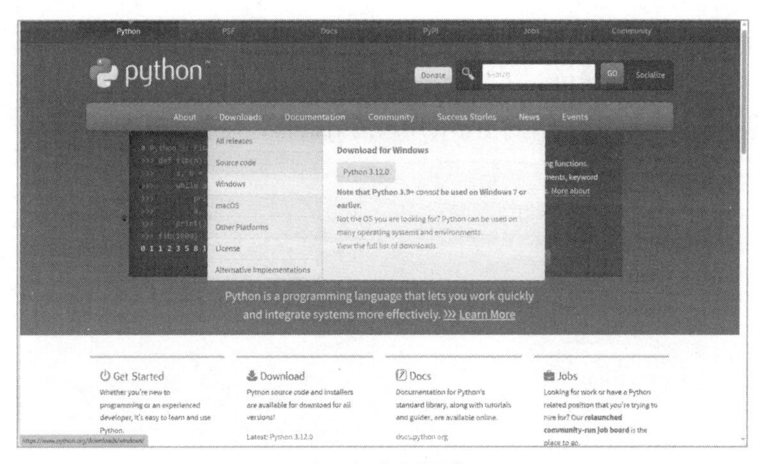

图1-4　官网下载

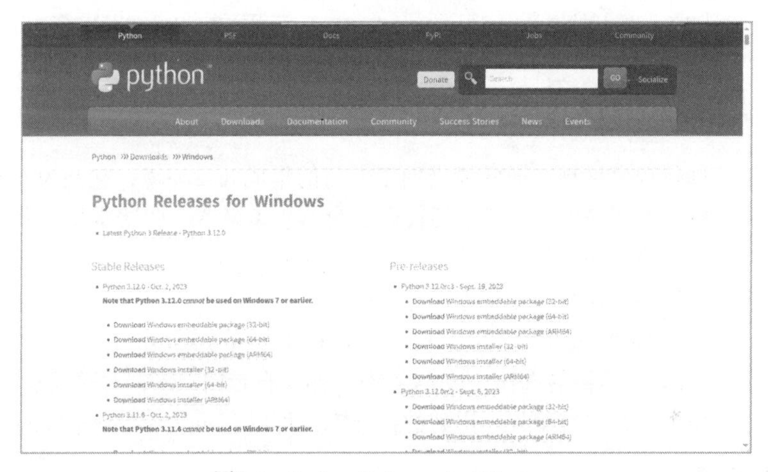

图1-5　Python Releases for Windows

（4）在图 1-6 所示的“Python 3.12.0 – Oct. 2, 2023”列表中，单击“Download Windows installer (64–bit)”链接，下载 Python 3.12.0 版本的 64 位离线安装包。

图1-6　Python 3.12.0下载链接

1.4.2　Python安装步骤

安装包下载成功后，双击安装文件，打开图 1-7 所示的对话框，有两种安装方式：一种是默认安装方式，直接选择 Install Now 安装；另一种是自定义安装，选择 Customize installation。

这里选择默认安装方式，记得选中“Add python.exe to PATH”复选框，将 Python 的安装路径添加到系统路径下面，为后续使用 Python 提供便利。

安装过程会自动进行，直至看到图 1-8 所示的对话框，代表安装成功了。

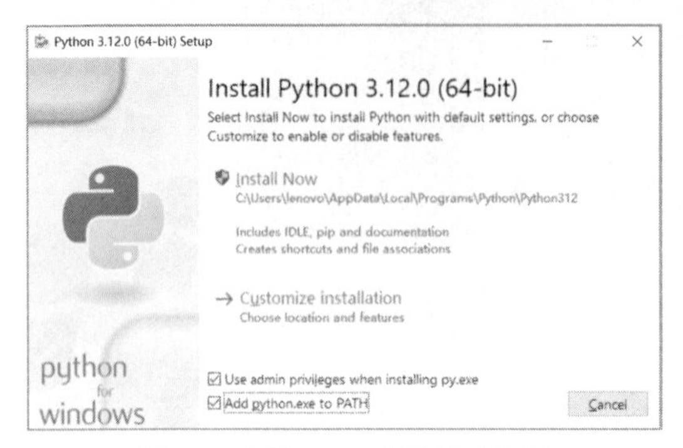

图1-7　安装Python的开始对话框

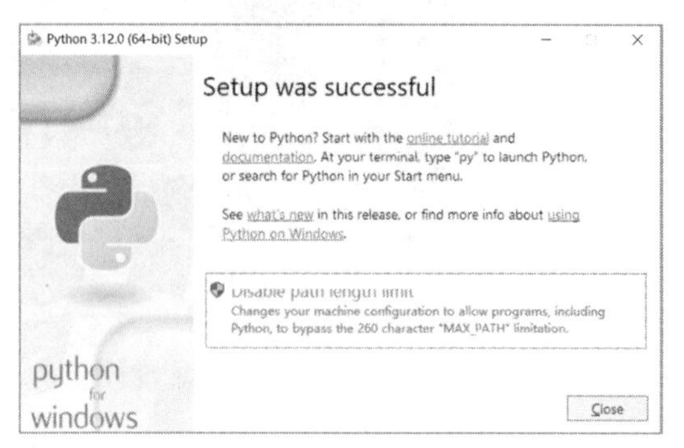

图1-8　Python安装成功对话框

1.5　Python程序的开发环境

使用高级语言进行程序设计，通常要借助于专门的集成开发环境，它是为方便编程而设计的一套软件。在集成开发环境中，一般包括代码编辑器、编译器、调试器和图形用户界面等。

支持 Python 语言的集成开发环境有多种，如 PyCharm、Spyder 和 Eclipse 等。由于各种集成开发环境的性能特点不同，在编程效率方面也有区别。

IDLE 是 Python 内置的集成开发环境，相对其他 Python 开发环境，IDLE 显得原始简陋些，但对初学者来说，IDLE 是不错的选择。首先它是 Python 自带的，不需要单独安装；再者 IDLE 没有集成扩展库，需要自行安装编程中用到的扩展库，可以让初学者得到很好的锻炼。

1.5.1　IDLE简介

IDLE（integrated development and learning environment）是 Python 内置的集成开发环境，支持 Windows、UNIX 和 Mac OS 等多个操作系统。IDLE 提供了两种编程方式：交互方式和文件方式。

可以通过以下两种方式启动 IDLE：

（1）单击“开始”→“所有程序”→“Python 3.7”→“IDLE(Python 3.7 64-bit)”。

（2）双击桌面的快捷图标启动 IDLE。

IDLE 程序启动后，默认显示交互式窗口，如图 1-9 所示。

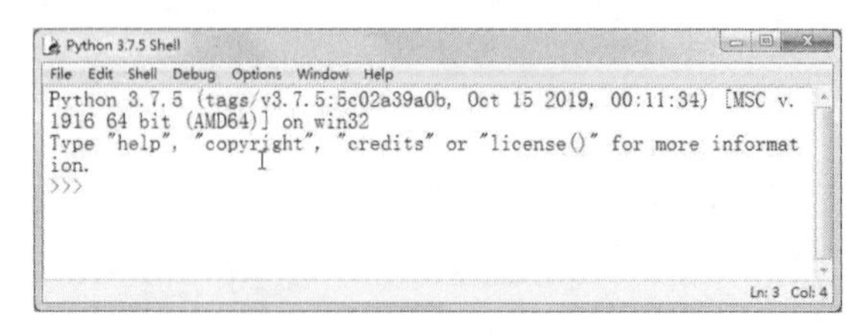

图1-9　IDLE交互式窗口

1.5.2　交互方式

在交互方式中，每次只能输入一条合法的 Python 语句，对于简单语句，按一次【Enter】键即可执行，对于复合语句，需要按两次【Enter】键才可以执行。

例如，在图 1-10 所示的交互式窗口中，光标停在提示符“>>>”后面，输入第 1 条语句：print("Welcome to Python！")，按【Enter】键，运行结果是 Welcome to Python!；输入第 2 条语句：x=12，按【Enter】键，执行该语句没有输出结果，只是给 x 变量指定一个数据 12，同样，第 3 条语句是给 y 变量指定数据 13；输入第 4 条语句：print(x+y)，执行结果是：25；第 5 条语句：import math，其作用是导入数学库；第 6 条语句：print(math.sqrt(x+y))，功能是输出 x+y 开平方的结果；第 7 条是复合语句，由 for i in range(10):和 print(i+1)构成，输入完毕后，按两次【Enter】键可以看到运行结果：1～10 的整数。

```
Python 3.7.5 Shell
File Edit Shell Debug Options Window Help
Python 3.7.5 (tags/v3.7.5:5c02a39a0b, Oct 15 2019, 00:11:34) [MSC v.1916 64 bit
(AMD64)] on win32
Type "help", "copyright", "credits" or "license()" for more information.
>>> print("Welcome to Python!")
Welcome to Python!
>>> x=12
>>> y=13
>>> print(x+y)
25
>>> import math
>>> print(math.sqrt(x+y))
5.0
>>> for i in range(10):
	print(i+1)


1
2
3
4
5
6
7
8
9
10
>>>
Ln: 26 Col: 4
```

图1-10　交互式编程实例

通过以上交互方式中的例子可以看出，语句代码和运行结果自动使用不同颜色的字体来标识。在 IDLE 默认的字体颜色中，运行结果用蓝色字体显示，字符串常量（如“Welcome to Python”）用绿色字体，关键字或保留字（如 import、for 和 in 等）用黄色字体，内置函数（如 print、range 等）用紫色字体，其他内容使用黑色字体。

交互方式的优点是：可以快速体验 Python 的一些特性，执行效率高，报错及时，调试方便。其缺点是：一旦退出 IDLE，输入的代码就消失了，无法永久保存。

1.5.3　文件方式

文件方式是打开编辑窗口、编写程序代码并保存在文件中，再运行程序文件，结果显示在交互窗口中。具体操作过程如下：

（1）创建程序文件：在图 1-10 所示的窗口中，选择菜单“File”，下拉列表中选择“New File”命令，打开文件编辑窗口，接下来输入程序的代码，将文件保存为 test.py。注意，Python 源程序文件的扩展名是.py 或.pyw。

（2）运行程序文件：在图 1-11 所示的编辑窗口中，选择菜单“Run”，下拉列表中选择“Run Module”命令，运行 Python 源程序。

（3）查看运行结果：程序文件的运行结果，会显示在图 1-12 所示的交互窗口中。

文件方式的优点是：以文件方式存储代码，可以永久保存。另外，可以同时查看或编辑多个程序文件，处理方便。不足之处是：无法即时显示程序中间步骤的处理结果，一旦程序有错，调试就比较麻烦。

图1-11 IDLE编辑窗口

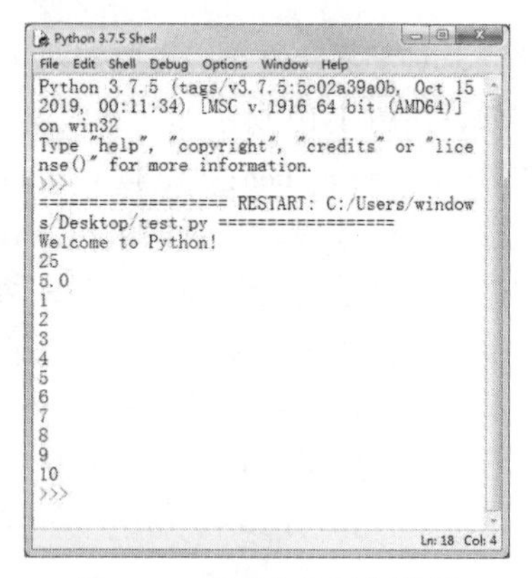

图1-12 程序文件运行结果

根据 IDLE 的两种编程方式，本书中的示例代码分为两类：有提示符“>>>”的代码和没有提示符“>>>”的代码。所有以提示符“>>>”开头的代码需要用交互方式来验证。注意，代码前面的提示符“>>>”不需要输入，直接输入代码，按【Enter】键即可。没有提示符“>>>”的代码都要使用文件方式进行验证，即打开编辑窗口，创建一个源文件，输入书中的示例代码并保存文件，最后运行程序文件查看输出结果。

1.6 程序设计方法

视 频

计算机与程序设计

目前主流的程序设计方法有两种：面向过程和面向对象。面向过程的程序设计方法采用以过程为中心的编程思想，按照问题发展的流程进行编程，对于大规模问题，通常将问题分解成若干相互独立的功能模块，基于函数机制进行编程。面向对象的程序设计方法采用以对象为中心的编程思想，按照系统与整体的关系表述进行编程，将程序中的数据与解决问题的算法进行封装，抽象成若干个类，最后基于类的对象进行编程。

1.6.1 面向过程的程序设计

在 20 世纪 60 年代后期，随着程序规模的不断变大，程序的可靠性越来越差，并且程序调试和维护都比较困难，程序设计陷入危机。为了解决“软件危机”问题，1969 年荷兰科学家 E.W.dijkstra 首次提出面向过程的程序设计概念，其核心思想是以模块设计为中心，将待开发的大型程序分解为若干个相互独立的小模块，每个模块完成相对独立而明确的部分功能。由于采用了模块分解、自顶向下和分而治之的方法，从而有效地将一个复杂的任务分解成若干易于控制和处理的子任务，这给程序的调试和维护提供了便利。

面向过程设计的基本思路是将整个问题按照自顶向下、逐步求精的方式解决，按照功能抽象将整个程序划分为若干个小模块，各个模块之间的关系尽可能简单，在功能上相对独立。

每个小的模块使用函数机制来实现，解决问题的关键集中在各个函数的设计与编写上，最后把所有的函数有机组合起来完成最终的任务。采用面向过程方法设计的程序可以看成是由若干函数构成的。

1.6.2 面向对象的程序设计

随着用户需求和硬件的不断发展变化，当软件系统达到一定规模时，采用面向过程的方法，按照功能划分设计的模块不够稳定，可重用性不高。作为一种降低复杂性、提高代码可重用率的工具，面向对象的程序设计方法应运而生。

面向过程的程序设计方法以功能为中心描述问题，而面向对象的程序设计方法以数据为中心描述问题，把求解的问题看成是数据的集合，相对于功能而言，数据有更好的稳定性。

面向对象程序设计方法的核心概念是对象、封装和继承。通过对数据的辨别和划分，将问题分割为若干数据和操作封装在一起的对象，可以减少甚至避免外界的干扰，降低控制程序的复杂度。另外，继承机制可以大幅减少冗余代码，提高编码效率，减低出错概率。

在大型系统开发中，如果直接采用自底向上的面向对象设计方法，也会造成系统结构不合理、各部分关系失调等问题。通常会把两种程序设计方法结合起来使用，用面向过程方法进行自顶向下的整体划分，用面向对象方法做具体的代码实现，两种方法是相互依存、相互结合的关系。

1.7　程序的IPO模型

如果将程序的基本构成按照最精简方式进行抽象概括，可以用 IPO 模型来描述它，其中，I（input）代表输入，P（process）代表处理，O（output）代表输出。程序的 IPO 模型就是“输入—处理—输出”模型。

输入：主要是获取待处理的原始数据；处理：对原始数据做一系列的分析和运算；输出：将处理得到的最终结果输出到屏幕。三个基本步骤按照先后顺序依次进行，下面通过一个简单的例子来认识程序的 IPO 模型。

【例 1.1】计算并输出两个数的平均值。

这是一个简单的计算问题。其中，输入步骤从键盘读取两个数值，处理步骤计算两个数的平均值，输出步骤将平均值显示在屏幕上。解决该问题的 Python 代码如图 1-13 所示。

视　频

程序基本编写方法 IPO

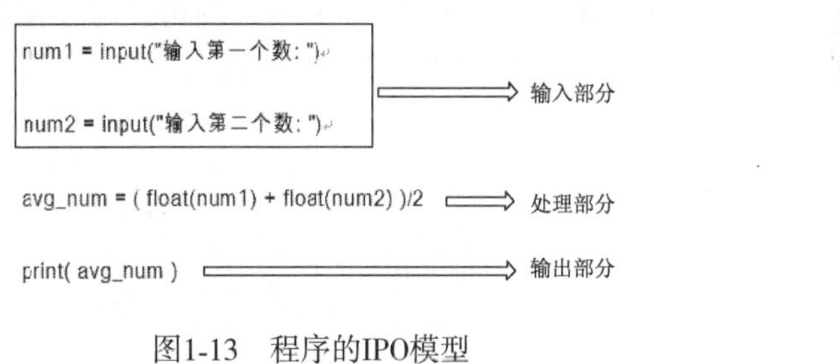

图1-13　程序的IPO模型

在整个 IPO 模型中，处理部分是核心。该问题中的处理部分只做了一步简单计算，很多实际问题中，处理部分会比较复杂，需要做一系列的分析、运算。通常把核心处理部分的步骤组合称为算法，算法是整个程序的灵魂。

1.8　算法的描述

算法是问题求解步骤的组合，为了便于厘清思路，减少算法中的逻辑错误，在用程序代码实现算法之前，通常借助于规范、易于理解的形式先把算法描述出来。常用的算法描述方法有：自然语言、流程图、伪代码等。其中，流程图是最常用的工具，它采用图形化的方式，不依赖语言，直观形象。表 1-2 给出了流程图中的基本图形符号及其功能描述。

表 1-2 流程图基本图形符号及其功能

图形符号	名称	功能
（圆角矩形）	起止框	表示起始或结束
（平行四边形）	输入输出框	表示输入或输出
（菱形）	判断框	表示条件判断
（矩形）	处理框	表示一个处理步骤（赋值、运算等）
↓→	流程线	表示下一步的执行流向

下面以求解一元二次方程 $ax^2+bx+c=0$ 为例，介绍流程图的画法，方程中的系数值 a、b 和 c 从键盘输入。

（1）画一个圆角长方形（起止框），代表程序的开始。

（2）输入方程系数的值，绘制一个平行四边形（输入输出框），描述文字为：输入 a、b 和 c。

（3）计算判别式的值，绘制一个长方形（处理框），描述文字为 $d=b^2-4ac$ 即可。

（4）判断 d 的值是否大于 0，画一个菱形（判断框），表达式为 $d>0$。

（5）如果 $d>0$ 成立（Y 代表成立，N 代表不成立），计算方程的根，绘制长方形，描述文字为相应的求根公式。

（6）判断 d 的值是否等于 0，画一个菱形（判断框），表达式为 $d=0$。

（7）如果 $d=0$ 成立，选择一个分支求根，否则，选择另一个分支求根。方程求根步骤用长方形表示，描述文字为相应的求根公式。

（8）输出方程的根，绘制平行四边形（输入输出框），描述文字为：输出 x_1 和 x_2。

（9）用圆角长方形（起止框）表示程序结束。

注意：要使用带箭头的连线（流程线）把所有的图形符号连接在一起，其中，箭头的方向代表程序执行的流向，最终得到图 1-14 所示的流程图。

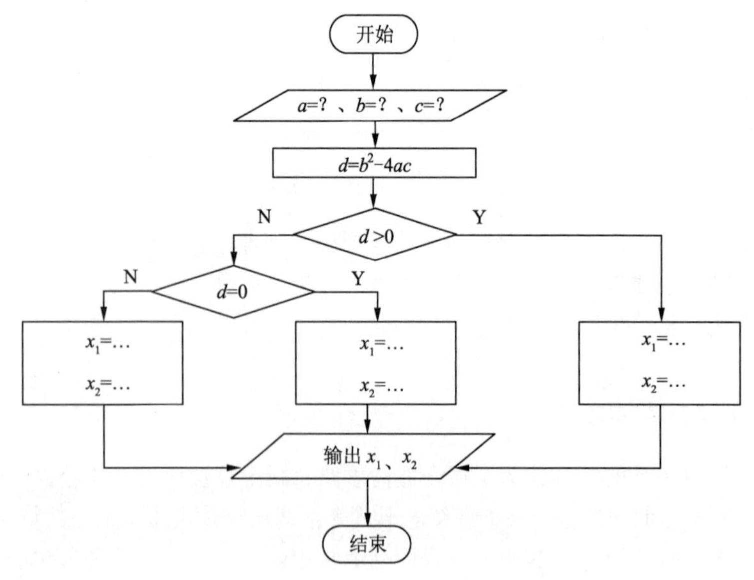

图1-14 求解一元二次方程的算法流程

习　　题

一、判断题

（1）Python 不属于高级程序语言。（　　）

（2）Python 具有简单易学、功能强大、扩展性强等特点，被广泛应用于科学计算、Web 开发、人工智能等领域。（　　）

（3）Python 是一种高级语言，它的代码不需要编译即可执行。（　　）

（4）在流程图中，开始和结束都用矩形框表示。（　　）

（5）流程图中的箭头表示程序的执行顺序。（　　）

二、问答题

（1）Python 语言有哪些特点？

（2）简述程序语言的编译器和解释器的区别。

（3）请简要介绍一下程序的 IPO 模型。

第 2 章 对象与类型

Python 中的数据都是对象，每个对象都有自己的类型，而且每个类型定义了对象可以具有的属性和方法。这种面向对象的编程思想是 Python 语言的核心特征之一。了解对象和类型的概念对于理解 Python 的语法和编程范式非常重要，它为我们提供了一种有力的工具来处理和操作数据。通过使用不同的数据类型，我们可以存储和处理不同种类的数据，比如整数、浮点数、字符串和布尔值等。在本章中，你将学习可在 Python 程序中使用的各种数据，还将学习如何将数据存储到变量中，以及如何在程序中使用这些变量。

学习目标

通过本章的学习，应该掌握以下内容：

（1）对象的基本概念。

（2）变量的命名和使用。

（3）对象类型。

（4）数字和字符串的使用。

2.1 对象的基本概念

【例 2.1】 定义对象，并输出对象的类型、标识符和值。

程序代码：

```
x = 10                          # 定义一个整数对象
s = "Hello, Python!"            # 定义一个字符串对象
# 获取对象的类型、标识符、值
print(type(x))
print(id(x))
print(x)
print(type(s),id(s),s)
```

运行情况：

```
<class 'int'>
140716855387208
10
<class 'str'> 1991405395632 Hello, Python!
```

知识要点

1. 对象

在 Python 中，对象是基本的运行实体，代表着实现代码逻辑的现实世界事物或抽象概念。对象具有唯一的标识符、类型和值，可以通过名称来引用。对象的类型定义了它的行为和能够执行的操作，标识符是在对象生命周期中保持不变的，值表示了对象所代表的信息。对象还可以具有属性和方法，用于描述对象的特征和状态，并执行相关操作。

2. 对象的定义

对象可以通过直接定义或使用内置函数创建。定义对象时，需要给它一个名称，并为其赋予一个初值。例如，可以定义一个整数对象并给它赋值。

3. 对象的三要素

每个对象具有三个要素，即标识符、类型和值。

（1）标识符：每个对象在内存中都有一个唯一的标识符，可以使用内置函数 id()来获取。标识符是由 Python 解释器自动生成的，在对象的生命周期中保持不变。

（2）类型：每个对象都具有一个类型，表示它所属的类或类型。类型定义了对象的行为和能够执行的操作。可以使用内置函数 type()来获取对象的类型。

（3）值：对象的值是它所代表的信息。例如，整数对象的值是整数本身。值可以随程序的执行而改变。

视　频

对象的基本概念

【例 2.2】 运行下列代码。

程序代码：

```
# 创建一个字典对象
person = {"name": "John", "age": 30, "city": "New York"}
print(person.keys())        #获取字典对象的键和值（属性）
print(person.values())
# 创建一个列表对象
lst = [1, 2, 3, 4, 5]
lst.append(6)                # 调用列表方法，增加新元素
print(lst)
```

运行情况：

```
dict_keys(['name', 'age', 'city'])
dict_values(['John', 30, 'New York'])
[1, 2, 3, 4, 5, 6]
```

知识要点

1. 对象的属性

在 Python 中，对象的属性表示对象的特征或状态。它们直接附加在对象上，并且可以通过对象访问。可以通过点号（.）来访问对象的属性。例如，定义复数对象，它可能有数据属性如下：

```
x = 10+2j
print(x.real)        # 输出: 10.0
print(x.imag)        # 输出: 2.0
```

在这个例子中，复数对象的数据属性包括 real 和 imag，分别用于存储复数的实部（实数部分）和虚部（虚数部分）的值。

2. 对象的方法

Python 中的对象除了具有属性之外，还可以拥有方法。方法是一个对象所固有的函数，用于实现对象的各种操作。Python 自带了许多方法，其作用不仅限于字符串、列表、字典等数据类型，还包括函数、模块等。不同类型的对象拥有不同的方法，可以通过对象名和方法名一起调用。

以字符串对象为例子，可以调用 upper()方法将字符串所有字符转为大写：

```
s = 'hello world'
print(s.upper())                    # 输出：HELLO WORLD
```

我们还可以使用 split()方法将字符串按照指定分隔符进行切分，并生成一个列表返回：

```
s = 'apple, banana, peach'
print(s.split(','))                 # 输出：['apple','banana','peach']
```

此外，replace()方法可以将字符串中匹配到的一些字符替换成指定的字符：

```
s = 'the cat is on the mat'
print(s.replace('cat','dog'))  # 输出：the dog is on the mat
```

2.2 变量与对象

2.2.1 Python中的变量

【例 2.3】定义两个变量并分别赋值，计算两个变量的和并输出结果。

程序代码：

```
num1 = 10
num2 = 20
result = num1+num2
print(result)
```

运行情况：

```
30
```

知识要点

1. 变量的声明与赋值

变量是存储和表示数据的一种方式。在 Python 中，变量可以用来存储各种类型的数据，并且可以在程序中被多次引用。在 Python 中，声明一个变量非常简单，只需要给变量取一个合适的名字即可。变量的赋值语句使用等号（=）进行赋值操作。在上述代码中，num1 = 10 的作用就是创建一个变量并对其进行赋值：

```
num1 = 10
```

在执行赋值语句时，Python 首先创建一个整数对象 10，然后创建一个变量（例如 num1），最后将变量 num1 指向整数对象 10 的内存地址。换句话说，变量 num1 中存储的是整数对象 10 的引用（即内存地址），而不是具体的值。这种机制被称为对象引用，在 Python 中，变量本质上是对内存中对象的引用。通过变量名，我们可以访问和操作相应对象的值。

2. 变量的命名规则

需要注意的是，变量名只是一个标识符，可以根据需要自由命名。在 Python 中，变量的命名非常灵活，但也需要遵循一些命名规则以确保代码的可读性和可维护性。因此，虽然在 Python 中命名变量的方式相对自由，但我们仍然应该遵循以下几个原则：

（1）变量名由字母、数字和下画线（_）组成，不能以数字开头。例如：num1, student_name, age_2023。

（2）变量名区分大小写。例如：value 和 Value 是两个不同的变量名。

（3）变量名不能与 Python 的关键字重复。例如，if、while、else 等都是 Python 的关键字，不能用作变量名。

（4）变量名应该具有描述性，便于代码的阅读和理解。例如，student_name 可以清晰地表达该变量所代表的含义。

2.2.2 变量与对象的关系

【例 2.4】定义变量并分别赋值，输出变量的类型。

程序代码：

```
a = 10
print(type(a))
a = "hello"
print(type(a))
del a
print(a)
```

运行情况：

```
<class 'int'>
<class 'str'>
Traceback (most recent call last):
  File "D:\2.4.py", line 6, in <module>
    print(a)
NameError: name 'a' is not defined
```

知识要点

1. 变量引用对象

视 频

变量引用对象

在 Python 中，变量是对对象的引用。这意味着变量本身并不直接存储数据，而是指向内存中实际存储数据的对象。当我们创建一个对象并将其赋值给一个变量时，该变量就成为该对象的引用。

需要注意的是，当重新为一个变量赋予新的对象时，该变量就会引用新的对象，而不再指向之前的对象。例如：

```
a = 2
b = a
print(id(a))        #140716855386952
print(id(b))        #140716855386952
b = 5
print(id(a))        #140716855386952
print(id(b))        #140716855387048
```

当多个变量引用同一个对象时，它们实际上引用的是同一块内存空间。换句话说，这些变

视 频

引用同一个对象

量指向了同一个对象，任何对该对象的改变都会在所有引用该对象的变量之间共享。例如：

```
ls1 = [1, 2, 3]        # 创建一个列表对象，并将其赋值给变量ls1
ls2 = ls1              # 将ls1赋值给ls2，即ls2引用了同一个列表对象
ls2.append(4)          # 在ls2所引用的列表对象中添加一个元素
print(ls1)             # 输出：[1, 2, 3, 4]
```

2. 变量的类型

在 Python 中，变量的类型是动态的，也就是说，在定义一个变量时不需要指定其类型，程序会根据变量的值自动判断其类型。例如：

```
a = 10
b = "hello"
print(type(a))      # <class 'int'>
print(type(b))      # <class 'str'>
```

并且 Python 中变量的类型可以随时更改，这也是动态类型的特性之一。

```
a = 10
print(type(a))      # <class 'int'>
a = "hello"
print(type(a))      # <class 'str'>
```

视 频

对象的删除

3. 对象的删除

在 Python 中，可以通过删除变量来释放内存并销毁对象。变量是一个标识符，指向一个对象的内存地址。当我们不再需要一个对象时，可以使用 del 语句删除变量，将其从命名空间中移除，让 Python 的垃圾回收机制自动处理无引用的对象。例如：

```
x = 5
print(x)            # 5
del x               # 删除变量x
print(x)            # NameError: name 'x' is not defined
```

2.3 对象类型

Python 是一种动态高级编程语言，因此变量的数据类型可以在运行时根据值自动确定。Python 提供了许多内置数据类型，包括但不限于表 2-1 中的内置数据类型。

表 2-1 内置数据类型

类型分类	类型名称	描 述
数字类型	整型（int）	用于表示整数，如-2、-1、0、1、2 等
	浮点型（float）	用于表示带有小数部分的数值，如 3.14、-0.5、2.0 等
	复数型（complex）	用于表示具有实部和虚部的数值，如 3+2j、-1-4j 等
	布尔（bool）	表示逻辑值，只有两个取值：True 表示真，False 表示假。常用于条件判断和逻辑运算
序列类型	字符串（str）	用于表示文本数据，由一系列字符组成，如"Hello, World!"。支持常用的序列操作，例如索引和切片等
	列表（list）	用于存储多个元素的有序集合，可以包含不同类型的元素，如[1, 2, 3]、['apple', 'banana', 'orange']等

续表

类型分类	类型名称	描　述
序列类型	元组（tuple）	类似于列表，但是元组是不可变的，即不能修改元素的值，如(1, 2, 3)、('red', 'green', 'blue')等
映射类型	字典（dict）	用于存储键值对的无序集合，键是唯一的，每个键和值之间用冒号分隔，如{'name': 'John', 'age': 25}
集合类型	集合（set）	用于存储无序且唯一的元素集合，不包含重复的值，如{1, 2, 3}
空类型	空值（NoneType）	空值类型表示无值或空值，常用于初始化变量或作为函数的返回值

2.4 数字

【例 2.5】 定义不同类型的数字变量，并使用 type()函数输出变量的类型。

程序代码：

```
intvar = 5
print(type(intvar))
intvar = 5.23
print(type(intvar))
intvar = 5+1j
print(type(intvar))
intvar = True
print(type(intvar))
```

运行情况：

```
<class 'int'>
<class 'float'>
<class 'complex'>
<class 'bool'>
```

知识要点

1. 数字类型

Python 是一种动态语言，支持多种不同的数据类型。其中数字类型在 Python 中占据了重要的地位，因为它们是处理数据和进行数学计算的基础。Python 数字类型包括整数、浮点数、复数和布尔值。

2. 整数类型

整数（int）是 Python 中最基本的数字类型之一。它被用于表示整数值，可以是正整数、负整数或零。在 Python 中，整数类型没有固定的大小限制，可以表示任意大的整数。也就是说，int 类型的数据不受数据位数的限制，只受可用内存大小的限制，这使得 Python 比其他编程语言更加灵活，可以处理很多实现上有限制的问题。例如，在计算大数时，Python 能够保持精度，而其他编程语言可能会出现溢出。

视频

整数类型

在 Python 中，可以使用十进制、二进制、八进制和十六进制等不同的进制来表示整数。例如，0b1010 表示二进制，0o12 表示八进制，0x0a 表示十六进制，它们都对应十进制的 10。

```
a = 10                        # 十进制数10
b = 0b1010                    # 二进制数，相当于10
c = 0o12                      # 八进制数，相当于10
d = 0x0a                      # 十六进制数，相当于10
print(a)                      # 输出: 10
print(int("0b1010", 2))       # 将二进制字符串转换为整数,输出: 10
print(int("0o12", 8))         # 将八进制字符串转换为整数,输出: 10
print(int("0x0a", 16))        # 将十六进制字符串转换为整数,输出: 10
```

Python 提供了各种整数类型之间进行转换的方法。例如，可以使用 int()函数将字符串转换为整数类型，也可以使用其他整数类型的构造函数将整数类型转换为其他类型，例如，float()、complex()。

```
# 将整数类型转换为其他类型
print(float(123))             # 123.0
print(complex(123))           # (123+0j)
```

3. 浮点数类型

浮点数（float）是 Python 编程语言中的一种数字类型，用于精确表示实数（包括小数）的数值。在 Python 中，浮点数是一种具有小数点的数字，可以用于执行各种数学运算，包括加法、减法、乘法和除法等。浮点数的特点是可以表示非整数的数值，并且可以包含小数部分。Python 中的浮点数类型通常精确到 15 位十进制数。例如，浮点数可以表示小数值（如 1.23、3.14）及科学计数法表示的数值（如 2.5e-3，表示 2.5 乘以 10 的负 3 次方）。

视 频

浮点数类型

Python 提供了各种浮点数之间进行转换的方法。例如，在将浮点数舍入到指定的小数位数时，可以使用“round”函数。此外，可以使用 int()和 float()函数将浮点数转换为整数或浮点数。

```
a = 3.14
b = 3.0
c = 1.23e6
# 将浮点数类型转换为整数类型
print(int(3.14))              # 3
print(int(c))                 # 1230000
```

4. 复数类型

复数（complex）是一种用于表示具有实部和虚部的数字的基本数字类型。在 Python 中，复数类型使用 j 后缀表示虚部，如 3+2j。Python 复数类型中的实部和虚部都是浮点数类型。在 Python 中，可以使用 real 属性获取复数的实部，使用 imag 属性获取复数的虚部。还可以使用 abs()函数获取复数的模。

Python 中的复数类型可以执行各种复杂的数学运算，例如，加、减、乘和除。此外，Python 提供了各种方法用来进行复数之间的转换。例如，可以使用 complex()函数将数字转换为复数类型。

视 频

复数类型

```
a = 3 + 2j                    # 复数
b = complex(3, 2)             # 复数3+2j
c = a.real                    # 实部为3.0
d = a.imag                    # 虚部为2.0
# 将整数类型转换为复数类型
e = complex(123)
# 将浮点数类型转换为复数类型
f = complex(-2.5)
```

5. 布尔值类型

布尔类型在编程中非常重要，因为它们用于判断条件并控制程序的流程。例如，在 if...else 语句中，可以根据布尔表达式的值来执行相应的代码块。布尔类型还可以与逻辑运算符一起使用，如 and、or 和 not 等，用于实现复杂的逻辑操作。

在 Python 中，下列条件判断语句会被转换成 False，其他所有的值都会被转换成 True。

（1）数值 0（包括整数、浮点数、复数）。

（2）空序列（包括空字符串、空元组、空列表、空字典和空集合）。

（3）None 类型。

可以使用内置的 bool()函数将其他类型的值转换为布尔类型。bool()函数返回 True 或 False，具体取决于其参数的值。下面是一些示例：

```
a = bool(0)          # False
b = bool(123)        # True
c = bool("")         # False
d = bool(None)       # False
```

2.5 字符串

2.5.1 Python中的字符串

【例 2.6】分别定义两个字符串类型的变量，并完成字符串的拼接。

程序代码：

```
greeting = "你好"
name = "李雷"
stars = "*" * 15
s='欢迎开始编程！'
message = greeting + ", " + name + "!"
print(message)
print(stars)
print(s)
```

运行情况：

```
你好，李雷!
***************
欢迎开始编程!
```

知识要点

Python 中的字符串是以单引号或双引号包围的字符序列。字符串可以被赋值给一个变量，也可以直接使用。

视 频

字符串的赋值

1. 字符串的赋值

用单引号、双引号或者三引号引起来的字符序列称为字符串。在 Python 中，字符串是一种不可变的数据类型，用于存储文本信息。赋值字符串的基本语法是使用等号（=）将字符串值分配给变量。例如：

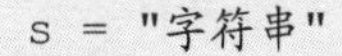

```
s = "字符串"
```

```
s = '字符串'
s = '''这里是
多行字符串'''
```

这里，我们可以使用三重引号（单引号或双引号）来定义多行字符串。多行字符可以在中间的任意位置换行。空字符串表示为：''或""，这里注意只是用一对单引号或者双引号。

2. 字符串的拼接

在 Python 中，字符串拼接是指将多个字符串连接成一个新的字符串的操作。Python 提供了多种方法来实现字符串拼接，使得处理和组合文本信息变得非常灵活和方便。

视 频

字符串的运算

一种常见的字符串拼接方式是使用加号（+）运算符，它可以将两个字符串相连接。例如：

```
Country = "中国"
City = "北京"
Place = Country  + " " + City
print(Place)                          # 中国 北京
```

除了加号运算符，还可以使用逗号（,）将多个字符串参数传递给 print()函数，这样它们会自动以空格分隔并打印在同一行上。

```
Country = "中国"
City = "北京"
print("你好,", Country , City )              # 你好, 中国 北京
```

3. 字符串的重复

在 Python 中，字符串的重复是指通过复制多个相同的字符串来创建一个新的字符串。这种操作可以使用乘法运算符（*）来实现，将一个字符串与一个整数值相乘，从而将该字符串重复指定次数。例如：

```
s = "Python!"
repeated_s = s * 3
print(repeated_s)                          # 输出: Python!Python!Python!
```

需要注意的是，当将字符串与 0 相乘时，结果将返回空字符串。例如：

```
s = "Python!"
empty_s = s * 0
print(empty_s)                             # 输出空字符串
```

2.5.2 字符串的索引与切片操作

【例 2.7】使用字符串的索引与切片操作，从字符串中读取部分字符。

程序代码：

```
s= "Hello,Python!"
print(s[0])
print(s[6])
print(s[0:5])
print(s[6:])
print(s[:5])
print(s[::2])
```

运行情况：

```
H
```

```
P
Hello
Python!
Hello
HloPto!
```

知识要点

字符串是一个字符序列，每个字符都有一个对应的索引值。可以使用索引和切片操作来访问字符串中的特定字符或子串。

1. 字符在字符串中的位置

在大多数编程语言中，字符在字符串中的位置通常是使用索引来表示的。从左向右（正向）表示字符在字符串中的位置，通常可以使用非负整数值作为索引，索引从 0 开始，表示字符串中的第一个字符，然后依次递增。从右向左（逆向）表示字符在字符串中的位置，通常可以使用负整数值作为索引，索引从−1 开始，表示字符串中的最后一个字符，然后依次递减，如图 2-1 所示。

正向索引	0	1	2	3	4	5	6	7	8	9	10	11	12
	H	e	l	l	o	,	P	y	t	h	o	n	!
逆向索引	−13	−12	−11	−10	−9	−8	−7	−6	−5	−4	−3	−2	−1

图2-1　字符在字符串中的位置

2. 字符串的索引

可以使用方括号[]来获取字符串中指定位置的字符。字符串索引操作的语法格式如下：

```
s[index]                    # 取出字符串s中索引位置为index的字符
```

其中，s 是字符串，index 是一个整数值，表示要获取的字符在字符串中的位置。因此，s[0]代表索引为 0 的字符“H”，s[6]代表索引为 6 的字符“P”。

视 频

字符串的索引与切片操作

3. 字符串的切片

可以使用方括号和冒号[:]来进行字符串的切片操作，从字符串中提取子字符串。切片语法的一般格式如下：

```
s[[start]:[end]:[step]]
```

其中，start 表示起始索引（包含在结果中），end 表示结束索引（不包含在结果中）。start 和 end 参数都是可选的，如果省略 start 参数，则表示从字符串的开头开始；如果省略 end 参数，则表示到字符串的末尾结束。切片操作返回的字符串的长度为 end − start，子字符串中包含起始索引处的字符，不包含结束索引处的字符。step 表示步长，即每隔多少个字符取一个字符。如果该参数省略，则默认为 1。例如：

```
print(s[0:5])          # 输出从索引0到索引4的子串"Hello"
print(s[6:])           # 输出从索引6到末尾的子串"Python!"
print(s[:5])           # 输出从开头到索引4的子串"Hello"
print(s[::2])          # 输出从开头到末尾、步长为2的子串"HloPto!"
```

2.5.3 字符串的函数与方法

【例 2.8】使用字符串的索引与切片操作，从字符串中读取部分字符。

程序代码：

```
text = "Hello,Python!"
print(len(text))
print(text.capitalize())
print(text.lower())
print(text.upper())
print(text.isalpha())
print(text.isdigit())
words = text.split(",")
print(words)
new_text = "-".join(words)
print(new_text)
```

运行情况：

```
13
Hello,python!
hello,python!
HELLO,PYTHON!
False
False
['Hello', 'Python!']
Hello-Python!
```

知识要点

Python 提供了丰富的字符串函数和方法，用于处理和操作字符串。

1. 字符串的常用函数

len(s)：返回字符串 s 的长度。

str(x)：将其他类型的数据 x 转换为字符串形式。

ord(c)：返回字符 c 的 ASCII 码值。

chr(n)：返回 ASCII 码值为 n 的字符。

2. 字符串的常用方法

capitalize()：将字符串的首字母大写。

lower()：将字符串转换为小写。

upper()：将字符串转换为大写。

isalpha()：判断字符串是否只包含字母。

isdigit()：判断字符串是否只包含数字字符。

split(sep)：根据分隔符 sep 将字符串拆分成多个子串，返回一个列表。

join(iterable)：将可迭代对象中的字符串元素连接起来，返回一个新的字符串。

习　　题

一、判断题

（1）在 Python 中，一切皆对象，包括整数、字符串和函数。（　　）

（2）在 Python 中，所有的对象都具有唯一的标识符，可以通过 id()函数获取。（　　）

（3）数字类型包括整数（int）、浮点数（float）和复数（complex）。（　　）

（4）在 Python 中，变量名可以包含字母、数字和下画线。（　　）

（5）Python 中变量必须先被声明才能使用。（　　）

二、问答题

（1）Python 中如何进行变量的赋值操作？

（2）如何查看一个变量的数据类型？

（3）变量与常量有什么区别？

（4）在 Python 中如何删除一个变量？

第3章 运算符与表达式

在 Python 中，运算符是用于执行各种操作的特殊符号，而表达式由运算符和操作数组成。运算符的作用是对操作数进行特定的操作，例如算术运算、比较、逻辑运算等。通过合理使用运算符，我们可以实现数学计算、条件判断、循环控制、位操作等功能。深入学习和理解各种运算符的功能和用法对于掌握 Python 编程语言非常重要，可以帮助我们更好地理解和处理问题，并提高编程效率。本章将介绍各种运算符、表达式、常用函数及其常用方法。

学习目标

通过本章的学习，应该掌握以下内容：

（1）Python 运算符。

（2）运算符优先级和求值顺序。

（3）常用函数。

（4）常用字符串方法。

3.1 Python运算符

【例 3.1】根据学生成绩管理系统中学生的考试成绩，计算他们的平均成绩并判断他们是否及格。及格的具体条件为：每门科目的成绩必须大于等于 60 分，且所有科目的平均成绩必须大于等于 70 分。

程序代码：

```
subject1 = 70  # 第一门科目的成绩为70分
subject2 = 85  # 第二门科目的成绩为85分
subject3 = 92  # 第三门科目的成绩为92分
average_score = (subject1 + subject2 + subject3) / 3  # 计算平均成绩
# 判断各科分数是否大于60分
are_all_subjects_pass = (subject1 >= 60) and (subject2 >= 60) and (subject3 
>= 60)
# 判断平均成绩是否大于等于70分
is_average_pass = (average_score >= 70)
# 判断是否及格
is_pass = are_all_subjects_pass and is_average_pass
print('各科成绩是否大于等于60分: ', are_all_subjects_pass)
```

```
print('平均成绩是否大于等于70分: ', is_average_pass)
print('是否及格: ', is_pass)
print('平均成绩: ', average_score)
```

运行情况：

```
各科成绩是否大于等于60分:  True
平均成绩是否大于等于70分:  True
是否及格:  True
平均成绩:  82.33333333333333
```

视 频

算术运算符

知识要点

1. 算术运算符

算术运算符是 Python 中用于执行基本算术操作的符号或关键字。它们允许我们在程序中进行加法、减法、乘法、除法等操作，以及其他一些更复杂的计算。表 3-1 详细描述了 Python 中的算术运算符。

表 3-1　算术运算符

运 算 符	意 义 描 述	举　例
加法运算符（+）	用于将两个操作数相加	3+2=5
减法运算符（-）	用于从第一个操作数中减去第二个操作数	3-2=1
乘法运算符（*）	用于将两个操作数相乘	3*2=6
除法运算符（/）	用于将第一个操作数除以第二个操作数，得到浮点数结果	3/2=1.5
取整除法运算符（//）	用于将第一个操作数除以第二个操作数，并返回不大于结果的最大整数值	3//2=1
模运算符（%）	返回第一个操作数除以第二个操作数的余数	3%2=1
幂运算符（**）	用于将第一个操作数的值提升到第二个操作数的幂	3**2=9

视 频

比较运算符

2. 比较运算符

Python 中的比较运算符（又称关系运算符）是用于对给定的两个值进行比较的操作符。它们返回一个布尔值，即 True 或 False，来表示比较结果的真假。在 Python 中，常见的比较运算符包括以下几种，见表 3-2。

表 3-2　比较运算符

运 算 符	意 义 描 述	举　例
相等运算符（==）	等于，判断运算符两侧对象是否相等，若相等返回 True，不相等返回 False	（3==2）返回 False
不等运算符（!=）	不等于，判断运算符两侧对象是否不相等，若不相等返回 True，相等返回 False	（3!=2）返回 True
大于运算符（>）	大于运算符，返回运算符前对象是否大于后对象的逻辑结果，若是则返回 True，否则返回 False	（3>2）返回 True
小于运算符（<）	小于运算符，返回运算符前对象是否小于后对象的逻辑结果，若是则返回 True，否则返回 False	（3<2）返回 False
大于等于运算符（>=）	大于等于（在大于基础上包含等于），若相等返回 True，不相等返回 False	（3>=2）返回 True
小于等于运算符（<=）	小于等于（在小于基础上包含等于），若相等返回 True，不相等返回 False	（3<=2）返回 False

3. 逻辑运算符

Python 支持多种运算符用于数据操作和逻辑判断。其中，逻辑运算符用于对布尔值进行组合和操作，允许我们在程序中进行复杂的逻辑判断和条件控制。在 Python 中，常见的逻辑运算符有三种，与运算符（and）、或运算符（or）和非运算符（not）。

视 频

逻辑运算符

（1）与运算符（and）：当所有操作数都为 True 时，与运算符返回 True；只要有一个操作数为 False，就返回 False。与运算符适用于多个条件同时成立的情况。例如：

```
a = True
b = False
c = True
d = a and c            # True and True,计算结果为True
e = b and c            # False and True,计算结果为False
print(d, e)            # 输出: True False
```

（2）或运算符（or）：当任何一个操作数为 True 时，或运算符就返回 True；只有所有操作数都为 False 时，才返回 False。或运算符适用于多个条件中至少有一个成立的情况。例如：

```
a = False
b = False
c = True
d = a or b or c              # False or False or True,计算结果为True
print(d)
```

（3）非运算符（not）：用于取反操作，将 True 变为 False，将 False 变为 True。非运算符只有一个操作数，返回其相反的布尔值。例如：

视 频

位运算符

```
a = True
b = not a
print(b)               # 输出: False
```

4. 位运算符（见表 3-3）

在 Python 中，位运算符是用于对二进制数进行操作的运算符。它们以位（0 和 1）为单位来执行操作，逐位地对数字进行计算。Python 提供了以下几种常见的位运算符：与运算符（&）、或运算符（|）、异或运算符（^）、取反运算符（~）、左移运算符（<<）和右移运算符（>>）。

表 3-3　位运算符

运 算 符	意 义 描 述	举 例
与运算符（&）	按位与运算（二进制位对应运算）	（1010&1100）返回 1000
或运算符（|）	按位或运算	（1010 | 1100）返回 1110
异或运算符（^）	按位异或运算	（1010^1100）返回 0110
取反运算符（~）	按位取反运算符	（~1010）返回 0101
左移运算符（<<）	左移运算符	10<<1=20
右移运算符（>>）	右移运算符	10>>1=5

5. 成员运算符（见表 3-4）

表 3-4　成员运算符

运　算　符	意 义 描 述	举　　例
成员运算符（in）	用于检查一个值是否属于一个容器对象（如列表、元组、字典、字符串等）。如果值属于容器对象，则返回 True，否则返回 False。	12 in [12,13,14]返回 True
非成员运算符（not in）	用于检查一个值是否不属于一个容器对象。如果值不属于容器对象，则返回 True，否则返回 False。	12 not in [12,13,14]返回 False

6. 身份运算符（见表 3-5）

表 3-5　身份运算符

运　算　符	意 义 描 述	举　　例
身份运算符（is）	用于检查两个对象是否引用同一个内存地址。	若 id(a)==id(b)则 a is b 返回 True，否则返回 False
非身份运算符（is not）	用于检查两个对象是否不引用同一个内存地址。	若 id(a)!=id(b)则 a is not b 返回 True，否则返回 False

3.2　运算符的优先级

【例 3.2】 运行下列代码。

程序代码：

```
a = 20
b = 10
c = (a + b) * a / b
print(c)
d = ((a + b) ** 2) / b
print(d)
e = not(a > b) or (a == b)
print(e)
```

运行情况：

```
60.0
90.0
False
```

知识要点

1. 运算符的优先级

在 Python 中，运算符的优先级决定了表达式中各个运算符的执行顺序。理解和掌握运算符的优先级是高效准确编写代码的关键。优先级高的运算符会比优先级低的运算符先执行（见表 3-6）。例如，乘法运算符（*）的优先级高于加法运算符（+），所以在表达式中先执行乘法运算。如果不考虑优先级，表达式的结果可能与预期不符。

表 3-6　运算符的优先级

序　　号	运　算　符	描　　述	结　合　性	举　　例
1	()	括号，运算优先级最高	无	y=a*(b–c)

续表

<table>
<tr><th>序　号</th><th>运 算 符</th><th>描　述</th><th>结 合 性</th><th>举　例</th></tr>
<tr><td>2</td><td>x[i]</td><td>索引运算符或切片运算符</td><td>左</td><td>x[5]
x[1:8:2]</td></tr>
<tr><td>3</td><td>**</td><td>幂运算</td><td>左</td><td>a**2</td></tr>
<tr><td>4</td><td>～</td><td>按位取反</td><td>右</td><td>～a</td></tr>
<tr><td>5</td><td>+x、-x</td><td>正负号，符号运算符</td><td>右</td><td>+1、-2</td></tr>
<tr><td>6</td><td>*、/、%、//</td><td>乘法、除法、取余、整除</td><td>左</td><td>a*b/c
a%b</td></tr>
<tr><td>7</td><td>+、-</td><td>加法、减法</td><td>左</td><td>a+b</td></tr>
<tr><td>8</td><td><<、>></td><td>移位</td><td>左</td><td>a<<2</td></tr>
<tr><td>9</td><td>&</td><td>按位与</td><td>右</td><td>a&b</td></tr>
<tr><td>10</td><td>^</td><td>按位异或</td><td>左</td><td>a^b</td></tr>
<tr><td>11</td><td>|</td><td>按位或</td><td>左</td><td>a|b</td></tr>
<tr><td>12</td><td>==、!=、>、>=、<、<=</td><td>比较运算符</td><td>左</td><td>a==b
c>=d</td></tr>
<tr><td>13</td><td>is、is not</td><td>同一性测试运算符</td><td>左</td><td>a is b
a is not c</td></tr>
<tr><td>14</td><td>in、not in</td><td>成员测试运算符</td><td>左</td><td>a in X
b not in X</td></tr>
<tr><td>15</td><td>not</td><td>逻辑运算符，非运算</td><td>右</td><td>not a</td></tr>
<tr><td>16</td><td>and</td><td>逻辑运算符，与运算</td><td>左</td><td>a and b</td></tr>
<tr><td>17</td><td>or</td><td>逻辑运算符，或运算</td><td>左</td><td>a or b</td></tr>
</table>

表中的结合性，指的是当一个表达式中出现多个优先级相同的运算符时，如何选择先执行哪个变量的问题；先执行左边的变量称作左结合性，先执行右边的变量称作右结合性。

2. 括号()

在 Python 中，可以使用括号来调整运算符的优先级。通过使用括号，可以明确指定一部分表达式的计算顺序，使其在整个表达式中具有更高的优先级。

假设我们有一个数学表达式：3 + 4 * 2。按照默认的运算符优先级，乘法运算符的优先级高于加法运算符，所以先执行乘法，再执行加法。这样的结果是 3 + (4 * 2) = 11。但是，如果我们希望先进行加法运算，然后再进行乘法运算，可以使用括号来明确表达式的计算顺序。例如，(3 + 4) * 2。这里，括号中的表达式 3 + 4 先执行，得到结果 7，然后再与 2 进行乘法运算，得到最终结果 14。

通过使用括号调整运算符的优先级，能够更加清晰地表达我们的意图，避免由于默认优先级引起的错误结果。此外，使用括号还可以提高代码的可读性，使代码更易于理解和维护。请注意，在使用括号调整运算符优先级时，要确保括号的使用是正确的，并且不会造成歧义。括号要成对出现，并且嵌套的括号要正确闭合，否则，可能会导致语法错误或获得错误的结果。

3.3　常用内置函数

【例 3.3】从键盘输入两个数字，然后计算这两个数字的绝对值、最大值、最小值以及数字之和。

程序代码：

```
# 从键盘输入两个数字
num1_str = input("请输入第一个数字: ")
num2_str = input("请输入第二个数字: ")
# 使用内置函数int()将字符串类型的数字转换为整型
num1 = int(num1_str)
num2 = int(num2_str)
# 使用内置函数abs()获取数字的绝对值
num1_abs = abs(num1)
num2_abs = abs(num2)
print(num1_abs,num2_abs)
# 使用内置函数max()获取两个数字中的最大值
num_max = max(num1, num2)
print(num_max)
# 使用内置函数min()获取两个数字中的最小值
num_min = min(num1, num2)
print(num_min)
# 使用内置函数sum()计算一组数字的和
nums = [num1, num2]
sum_nums = sum(nums)
print(sum_nums)
```

运行情况：

```
请输入第一个数字: 3
请输入第二个数字: -1
3 1
3
-1
2
```

知识要点

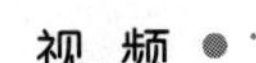

常用内置函数

在 Python 编程语言中，内置函数是一组提前定义好的函数，可以直接在程序中使用，无须进行额外的导入或安装。这些内置函数覆盖了各种常见的操作和处理需求，能够帮助我们更高效地编写代码。

1. 运算类（见表 3-7）

表 3-7　常用内置函数（运算类）

函数名	参　数	功　能	举　例
abs(x)	x 可以是整数或浮点数。如果 x 是一个复数，则返回它的模	返回一个数的绝对值	abs(–5)，返回结果 5
divmod(a,b)	用于检查两个对象是否不引用同一个内存地址。	把除数和余数运算结果结合起来，返回一个包含商和余数的元组 (a // b, a % b)	divmod(7,2)，返回结果(3,1)

续表

函 数 名	参 数	功 能	举 例
pow(x,y)	x 和 y 为数值型数据	返回 x 的 y 次方的值，也就是 x^y	pow(2,3)，返回结果 8
sum(iterable[, start])	iterable 为可迭代对象，如列表、元组、集合，start 为相加的参数	对序列进行求和计算，并加上参数值	sum((2, 3, 4), 1)，返回结果 10

2. 类型转换（见表 3-8）

表 3-8 常用内置函数（类型转换类）

函 数 名	参 数	功 能	举 例
str()	x 为数值型数据	将指定的值转换为字符串	str(123)，返回 123
int(x, base=10)	x 字符串或数字，base 进制数（默认十进制）	将一个字符串或数字转换为整型	int('12',10) 返回 12，int('12',16)返回数字 12 的十六进制表示 18
float(x)	x 能够被转换为浮点数的数字或字符串	将一个字符串或数字转换为浮点型	float(5)，返回结果 5.0
complex([real[, imag]])	real 部分可以是 int、long、float 或字符串类型，imag 部分可以是 int、long、float 类型	创建一个值为 real + imag * j 的复数或者转化一个字符串或数为复数。如果第一个参数为字符串，则不需要指定第二个参数	complex(1, 2)，返回结果 (1 + 2j)
list(tup)	tup 为要转换为列表的元组，若参数为空，创建空列表	创建空列表或将元组转换成列表	list()，返回空列表[]，list((1,2,3))，返回结果[1, 2, 3]
tuple(iterable)	iterable 为要转换为元组的可迭代序列，参数为空则创建空元组	将列表转换为元组	tuple([1,2,3])，返回结果 (1,2,3)
dict(iterable,**kwargs)	iterable 为可迭代对象，**kwargs 为关键字，参数为空则创建空字典	用于创建一个字典	dict([('one', 1), ('two', 2)])，返回结果 {'one': 1, 'two': 2}

3. 进制转换（见表 3-9）

表 3-9 常用内置函数（进制转换类）

函 数 名	参 数	功 能	举 例
oct(x)	x 是一个整数	将一个整数转换成八进制字符串	oct(10)，返回结果 0o12
bin(x)	x 是 int 或者 long int 数字	返回一个整数 int 或者长整数 long int 的二进制表示	bin(10)，返回结果 0b1010
hex(x)	x 是十进制整数	将十进制整数转换成十六进制，以字符串形式表示	hex(10)，返回结果 0xa

4. 输入输出（见表 3-10）

表 3-10 常用内置函数（输入输出类）

函 数 名	参 数	功 能	举 例
input([prompt])	prompt 提示信息，可省略	input() 函数接收一个标准输入数据，返回为 string 类型	input("输入一个数字:")，提示“输入一个数字:”，输入 1234 后返回'1234'

续表

函数名	参数	功能	举例
print(*objects, sep=' ', end='\n', file=sys.stdout)	objects 表示输出的对象，输出多个对象时用逗号分隔；sep 指定输出时不同对象间的间隔；end 设定结尾，默认值是换行符\n，可以换成其他字符；file 指定要写入的文件对象	输出字符和数字	print('python')，返回结果 python

5. 字符与 ASCII 转换（见表 3-11）

表 3-11　常用内置函数（字符与 ASCII 转换类）

函数名	参数	功能	举例
chr(x)	x 可以是十进制也可以是十六进制形式的数字	用一个范围在 0～255 内的整数作参数，返回当前整数对应的 ASCII 字符	chr(0x35)，返回结果 5；chr(90)，返回结果 Z
ord(x)	x 为一个字符	是 chr()函数的配对函数，以一个字符（长度为 1 的字符串）作为参数，返回对应的 ASCII 数值	ord('Z')，返回结果 90

6. 其他函数

（1）max(x, y, z, ...)

参数：x,y,z 均为数值型数据。

功能：返回给定参数的最大值。

```
max(100,122,345)        # 输出: 345
```

（2）min(x, y, z, ...)

参数：x,y,z 均为数值型数据。

功能：返回给定参数的最小值。

```
min(100,122,345)        # 输出: 100
```

（3）sorted(iterable, key=None, reverse=False)

参数：iterable 为可迭代对象；key 是用来进行比较的元素，只有一个参数，指定可迭代对象中的一个元素来进行排序；reverse 为排序规则，reverse = True 时为降序，reverse = False 时为升序（默认）。

功能：对所有可迭代的对象进行排序操作。

```
sorted([5,0,6,1,2,7,3,4], reverse = True)     # 输出: [7,6,5,4,3,2,1,0]
```

（4）zip([iterable, ...])

参数：iterable 为一个或多个迭代器。

功能：将可迭代的对象作为参数，将对象中对应的元素打包成一个个元组，然后返回由这些元组组成的列表。

```
a = [1,2,3]
b = ['x','y','z']
list(zip(a,b))          # 输出: [(1,'x'),(2,'y'),(3,'z')]
```

（5）reverse()

参数：无参数。

功能：用于反向列表中元素。

```
ls = [1,2,3,4,5]
ls.reverse()
print(ls)                # 输出: [5, 4, 3, 2, 1]
```

（6）eval(expression[, globals[, locals]])

参数：expression 为表达式；globals 为变量作用域，全局命名空间；locals 为变量作用域，局部命名空间。

功能：返回表达式计算结果。

```
x = 5
eval('3*x')              # 输出: 15
```

（7）isinstance(object, classinfo)

参数：object 为实例对象；classinfo 可以是直接或间接类名、基本类型或者由它们组成的元组。

功能：判断对象的类型与参数类型（classinfo）是否相同，相同则返回 True，否则返回 False。

```
a = 1
isinstance(a,int)        # 输出: True
isinstance(a,str)        # 输出: False
```

（8）len(s)

参数：s 为对象，可以是字符、列表或者元组。

功能：返回对象（字符、列表、元组等）长度或项目个数。

```
len("python")            # 输出: 6
len([1,2,3,4,5])         # 输出: 5
```

（9）map(function, iterable, ...)

参数：function 为函数；iterable 为一个或多个序列。

功能：根据提供的函数对指定序列做映射。

```
def square(x):
    return x ** 2
print(list(map(square, [1,2,3,4,5])))     #输出: [1,4,9,16,25]
```

（10）type(object)

参数：object 为实例对象。

功能：返回对象类型。

```
type("python")           # 输出: <class 'str'>
type([1,2,3])            # 输出: <class 'list'>
type(1)                  # 输出: <class 'int'>
```

3.4 常用的字符串方法

【例 3.4】运行下列代码。

程序代码：

```
# 从键盘输入字符串
input_str = input("请输入一个字符串: ")
# 1. 转换为大写字母
upper_case = input_str.upper()
print("转换为大写字母: ", upper_case)
# 2. 转换为小写字母
lower_case = input_str.lower()
```

```
print("转换为小写字母: ", lower_case)
# 3. 统计字符串长度
length = len(input_str)
print("字符串长度: ", length)
# 4. 判断字符串是否以特定字符开头
start_with = input_str.startswith("Hello")
print("是否以 'Hello' 开头: ", start_with)
# 5. 判断字符串是否以特定字符结尾
end_with = input_str.endswith("world")
print("是否以 'world' 结尾: ", end_with)
# 6. 查找子字符串第一次出现的位置
find_index = input_str.find("Python")
print("子字符串 'Python' 第一次出现的位置: ", find_index)
# 7. 替换子字符串
replace_str = input_str.replace("Python", "Java")
print("替换子字符串后的结果: ", replace_str)
# 8. 字符串分割
split_list = input_str.split(" ")
print("字符串分割后的列表: ", split_list)
# 9. 使用 format 方法将字符串按指定格式输出
formatted_str = "输入的字符串是: {}".format(input_str)
print(formatted_str)
```

运行情况：

```
请输入一个字符串: Hello,Python!
转换为大写字母:  HELLO,PYTHON!
转换为小写字母:  hello,python!
字符串长度:  13
是否以 'Hello' 开头:  True
是否以 'world' 结尾:  False
子字符串 'Python' 第一次出现的位置:  6
替换子字符串后的结果:  Hello,Java!
字符串分割后的列表:  ['Hello,Python!']
输入的字符串是: Hello,Python!
```

知识要点

在日常的程序开发中，字符串处理是一项基本且常见的任务。Python 提供了许多强大的内置字符串方法，能够帮助我们轻松地进行字符串操作和处理，包括字符串的拼接、切割、替换等。通过使用这些方法，我们可以更加灵活地处理字符串，满足不同的需求。

视　频

常用字符串方法

1. 字符串格式化——format

功能：format 用来格式化字符串。

格式："描述字符 xx{ }描述字符 xx{ }".format(参数列表)

返回值：格式化的字符串。

说明：

（1）字符串中包含两类数据：原样显示的描述字符和花括号 { } 括起来的替换域。

（2）字符串中的替换域相当于占位符，用于显示参数列表中的对应参数的值。

（3）每个替换域都会被替换为对应参数的值。

（4）替换域与参数的对应方式见表 3-12 所示的三种。

表 3-12　替换域与参数的对应方式

方　式	举　例
按顺序对应	>>>"姓名：{}，年龄：{}".format('张三',30) '姓名：张三，年龄：30'
按索引对应	>>>"姓名：{0}，年龄：{1}".format("张三",30) ' 姓名：张三，年龄：30' >>>"姓名{1}，年龄{0}".format("张三",30) ' 姓名：30，年龄：张三' >>>"{0} {1}, {0}!".format('谢谢', '你') '谢谢你,谢谢!'
按参数名对应	>>>"姓名{name}，年龄{age}".format(name="张三",age=30)

（5）参数的个数必须等于或大于替换域的个数，否则会报错，例如：

```
>>>"姓名：{}，年龄：{}".format('张三')
SyntaxError: unexpected indent
>>>"姓名：{}，年龄：{}".format('张三',30,'女')   # 参数'女'被忽略，不输出
'姓名：张三，年龄：30'
```

（6）在替换域中还可以使用格式限定符号。

① 使用格式：{<参数序号>:<格式控制>}.format(参数)。

② 冒号（:）右边是格式化符号（格式限定符）。

③ 格式控制符号包括：<填充><对齐><宽度>,<.精度><类型>六个可选字段，各个字段的功能见表 3-13。

表 3-13　格式控制符号及其功能

<填充>	<对齐>	<宽度>	,	<.精度>	<类型>
用于填充的单个字符	<　左对齐 >　右对齐 ^　居中对齐	指定输出宽度	数字的千位分隔符	浮点数小数部分的精度或字符串的最大输出长度	整数类型 b,c,d,o,x,X, 浮点数类型 e,E,f,%

④ <填充>、<对齐>和<宽度>用于设置显示格式，填充默认使用空格字符，对齐方式默认是左对齐；如果字符宽度小于指定宽度，默认增加空格达到指定宽度，如果字符宽度大于指定宽度，则完整输出字符。例如：

```
>>>s = "中国梦"
>>>"{:*>10}".format(s)              # 右对齐，不足用'*'字符填充，汉字占1个字符宽度
'*******中国梦'
```

⑤ <.精度>由小数点（.）开头，对于浮点数，精度表示小数部分输出的有效位数。对于字符串，精度表示输出的最大长度。例如：

```
>>>"{:.2f}".format(3.1415926)          # 左对齐，保留2位小数
'3.14'
>>>"{:>10.3f}".format(3.1415926)       # 右对齐，宽度为10，保留3位小数
'     3.142'                           # 3前面有5个空格
>>>"{:>2f}".format(3.141592)           # 指定输出宽度2，小于数据实际宽度
'3.141592'
```

⑥ <.精度>也可以用于字符串的截取，例如：

```
>>>'{:.5}'.format('Hello welcome')    # 截取前5个字符
'Hello'
```

2. 字符串分隔——split

功能：字符串分隔。

格式：str.split(分隔符，分隔次数[n])。

返回值：列表。

说明：

（1）分隔符默认为所有的空字符，包括空格、换行（\n）、制表符（\t）等。

（2）分隔符可以是单个字符，也可以是多个字符构成的串。

（3）分隔次数的默认值为-1，即分隔所有。如果给定参数 num，则分隔成 num+1 个子串，[n]:表示选取结果中的第 *n* 个子串，n 代表返回列表中元素的索引，是 0 开始的整数。

示例：

```
>>>s = "   welcome   to  china  "
>>>s.split()
['welcome','to','china']
>>>txt = "welcome*to*china"
>>>txt.split("*",1)
['welcome','to*china']
>>>name = "welcome**to**china"
>>>txt.split("**",2[2])
'china'
```

3. 统计字符出现次数——count

功能：用于统计字符串里某个字符出现的次数。

格式：count(substr, start= 0,end=len(string))。

返回值：子串在原字符串中出现的次数。

说明：

（1）substr：要搜索的子串。

（2）start：搜索的开始位置。默认值为 0，即从第一个字符开始。

（3）end：搜索的结束位置。默认为字符串的最后一个位置。

示例：

```
>>>txt = "abcadefehab"
>>>txt.count('a')
3
>>>txt.count('ab')
2
```

4. 字符串连接——join

功能：字符串、元组、列表中的元素以指定的字符（分隔符）连接生成一个新的字符串。

格式：'sep'.join(seq)。

返回值：以分隔符 sep 连接 seq 中各个元素后构成的字符串。

说明：

（1）sep：分隔符，可以为空。

（2）seq：要连接的字符串、列表和元组等可迭代对象。

（3）要连接的可迭代对象中的元素值必须是字符串型。

示例：

```
>>>'*'.join("abc")
a*b*c
>>>"*".join(['1','2','3'])
1*2*3
>>>"*".join([1,2,3])  #该行命令执行后，会显示如下出错信息
Traceback (most recent call last):
  File "<pyshell#48>", line 1, in <module>
    "*".join(a)
TypeError: sequence item 0: expected str instance, int found
```

5. 去除指定字符——strip

功能：去除字符串开头和结尾指定单个字符或字符序列。

格式：strip(seq)。

返回值：去除指定字符后得到的字符串。

说明：

（1）如果没有指定要删除的字符，默认是删除开头和结尾的空白字符（如：/n、/r、/t、''）。

（2）如果指定了参数 seq，可以理解为要删除字符的列表。

（3）删除多个字符时，只要头尾的字符在参数 seq 中就会删除，不考虑顺序，直到遇到第一个不包含在 seq 中的字符为止。

（4）方法 lstrip()和 rstrip()分别是只从左侧和只从右侧删除，使用方法与 strip()类似。

示例：

```
>>>str1 = " \t  \n anc  defg  \n "
>>>str1.strip()  #去除str1中头和尾部的空白符
anc  defg
>>>str2 = "123124512"
>>>str2.strip("12")
'31245'
```

在 str2 中去除"12"的过程为：先从开头搜索，遇到'1'在待删除的字符序列中，则删除，又遇到'2'也删除，当遇到'3'不在待删除的字符序列中，停止从前面开始的删除操作，再从尾部开始搜索有无要删除的字符，当遇到'5'不在待删除的字符序列中，停止从尾部开始的删除操作，输出结果。

6. 填充与对齐

（1）center：居中对齐

功能：使用指定的字符作为填充字符使字符串居中对齐。

格式：center (width[, fillchar])。

返回值：使用 fillchar 填充，长度为 width 的字符串。

（2）ljust：左对齐

功能：使用指定的字符作为填充字符使字符串左对齐。

格式：ljust (width[, fillchar])。

返回值：使用 fillchar 填充，长度为 width 的字符串。

（3）rjust：右对齐

功能：使用指定的字符作为填充字符使字符串右对齐。

格式：rjust (width[, fillchar])。

返回值：使用 fillchar 填充，长度为 width 的字符串。

说明：

① fillchar 为可选参数，默认为空格。

② 如果 width 小于字符串的长度，则无法填充，直接返回字符串本身。

示例：

```
>>>"ab".center(10,"*")
'****ab****'
>>> "abcdefg".center(5,"*")
'abcdefg'
>>>"ab".ljust(10,"*")
'ab********'
>>>"abcdefg".ljust(5,"*")
'abcdefg'
>>>'ab'.rjust(10,"*")
'********ab'
>>>'abcdefg'.rjust(5,"*")
'abcdefg'
```

7. 查找和替换

① find('x')，找到这个字符返回下标，多个时返回第一个；不存在的字符返回-1。

② index('x')，找到这个字符返回下标，多个时返回第一个；不存在的字符报错。

③ replace(oldstr, newstr)，用 newstr 字符串替换 oldstr。

8. 判断方法

① startswith(prefix[,start[,end]])，是否以 prefix 开头。

② endswith(suffix[,start[,end]])，是否以 suffix 结尾。

③ isalnum()，是否全是字母和数字，并至少有一个字符。

④ isalpha()，是否全是字母，并至少有一个字符。

⑤ isdigit()，是否全是数字，并至少有一个字符。

⑥ isspace()，是否全是空白字符，并至少有一个字符。

⑦ islower()，是否全部是小写。

⑧ isupper()，S 是否全部是大写。

⑨ istitle()，是否首字母大写。

⑩ isdedecimal，是否只包含十进制数字字符。

⑪ isnumeric()，是否只包含数字字符。

9. 大小写转换

① lower()，全部转换为小写。

② upper()，全部转换为大写。

③ capitalize()，转换为首字母大写，其他字母小写。

④ title()，转换为各单词首字母大写。

⑤ swapcase()，大小写互换(大写→小写，小写→大写)。

⑥ casefold()，转换为大小写无关字符串比较的格式字符串。

习　题

一、判断题

（1）在 Python 中，“+”运算符可以用于字符串和数字类型的加法运算。（　　）

（2）在 Python 中，“==”运算符用于比较两个变量的值和数据类型是否相同。（　　）

（3）在 Python 中，“**”运算符用于幂运算。（　　）

（4）在 Python 中，“is”关键字用于比较两个变量的值是否相同。（　　）

（5）在 Python 中，“and”和“or”关键字用于逻辑运算。（　　）

二、编程题

（1）输入两个整数，输出它们的和。

（2）输入一个字符串，将其反转后输出。

（3）输入两个浮点数 a 和 b，输出它们的平均数（保留两位小数）。

（4）输入一个圆的半径 r，计算并输出该圆的周长和面积（保留两位小数，π 取 3.14）。

（5）输入一个人的身高 h（单位：米）和体重 w（单位：千克），计算并输出该人的 BMI 值（保留两位小数，BMI = 体重/身高的平方）。

第4章 组合数据类型

在计算机语言中，除了基本数据类型外，还有组合数据类型。基本数据类型仅能够表示单一数据的类型，例如数字类型中的整数、浮点数等，而组合数据类型则可以把多种类型数据组合起来统一表示，方便进行数据的处理和应用，例如序列类型中的字符串等。在 Python 语言中，组合数据类型包括序列、字典和集合，这些类型都有其独有的特点和应用场景。

学习目标

通过本章的学习，应该掌握以下内容：

（1）组合数据类型。

（2）列表的创建及使用。

（3）元组的创建及使用。

（4）字典的创建及使用。

（5）集合的创建及使用。

（6）字符串的常用操作方法。

4.1 组合数据类型的分类

Python 中，组合数据类型可分为三类，分别是序列、字典和集合，其中，序列类型又包含了字符串、列表和元组三种数据类型。下面简单介绍一下这三种组合数据类型的特点。

1. 序列类型

组合数据类型：序列

序列类型来源于数学思想，通过序列名和序号能够访问序列中的每一个元素。序列类型的数据的共同特征是元素按照顺序排列和访问，是有严格排序关系的数据。可以通过序号进行单个元素和一组元素（切片）的数据操作。序列的访问操作是从首元素开始编号，首元素编号为0，末元素编号为 $n-1$（n 是序列元素个数）；也可以从末元素开始编号访问，末元素编号为-1，以此往前到首元素 $-n$（n 是序列元素个数）。常用的序列类型包括列表、元组以及字符串。

2. 字典类型

字典作为映射类型，是键值对的无序组合数据类型。键值对是由表示关键字的键和关键字对应的值组成的表示一个类目数据的字典元素。字典数据类型可以理解为数据的分类和具体类的值组成的组合数据，要想访问字典数据，必须使用键元素，反过来则不行。因此，在 Python 编程中，可以使用字典数据类型进行复杂表格的构建。字典的键值对在字典数据中是没有顺序的，字典的键不能重复，而不同的键对应的值则可以重复出现。

3. 集合类型

集合本身就是数学概念。数学上，集合是一组无序、互异、确定对象汇总成的集体。组成集合的对象称为元素。Python 语言中的集合与数学的集合是相同的，Python 中集合又有两种类型，分别是可变集合和不可变集合。集合与序列的最大不同是没有元素的访问顺序，但是集合中元素不能重复出现。集合的元素可以是整数、浮点数、字符串、元组等固定数据类型，不能是列表、字典和可变集合类型。

4.2 列表

列表是序列数据类型，列表能以序列形式保存任意数目的 Python 对象，这些对象称之为列表的元素。列表的元素可以是基本数据类型，也可以是列表本身，还可以是自定义的对象。列表的应用非常灵活，列表是一个可变对象，有时候也称列表为一个容器。

4.2.1 列表的基本操作

【例 4.1】 创建列表。

```
>>> lst1 = []
>>> lst2 = ["MUC","Python",1,2,3]
>>> lst3 = list("Hello!Python")
>>> lst1
[]
>>> lst2
['MUC','Python',1,2,3]
>>> lst3
['H','e','l','l','o','!','P','y','t','h','o','n']
```

知识要点

（1）使用方括号将一组 Python 对象括起来，各个对象之间用逗号分隔，就创建了一个列表；也可以使用空的方括号创建一个空列表。

（2）可以使用 list()函数创建列表，在使用 list()函数时，可以带参数，若带的参数是一个字符串，则会将字符串中的每个字符解析成为列表的元素。

视 频

列表的创建与访问

【例 4.2】 访问列表。

```
>>> lst = ["MUC","Python",1,2,3,"Hello"]
>>> lst[1]
'Python'
>>> lst[1:3]
['Python',1]
>>> lst[0:5:2]
['MUC',1,3]
>>> lst[3:-1]
[2,3]
```

```
>>> lst[3:]
[2, 3, 'Hello']
```

知识要点

（1）列表元素使用列表名加下标进行访问，列表的首元素从下标 0 开始依次递增；也可以从末元素开始倒序进行标示，末元素下标为-1 倒序依次往前递减。

（2）访问列表元素时可以指定开始位置和结束位置，从而实现多个元素的访问和抽取，这个操作称为切片操作，在切片操作时还可以在切片范围后指定步长。

（3）列表的切片操作时，包含指定的第一个元素，不包含区间最后一个元素；若从指定元素一直取到列表最后一个元素，可以省略区间范围后面的数字；不能够指定超出列表范围的数字，否则就会出错。

【例 4.3】更新和删除列表中元素。

```
>>> lst = ["MUC","Python",1,2,3,"Hello"]
>>> lst
['MUC','Python',1,2,3,'Hello']
>>> lst[2:5] = 4,5,6
>>> lst
['MUC','Python',4,5,6,'Hello']
>>> lst[2] = 'Sec'
>>> lst
['MUC','Python','Sec',5,6,'Hello']
>>> del lst[2]
>>> lst
['MUC','Python',5,6,'Hello']
>>> lst.append('Sec')
>>> lst
['MUC','Python',5,6,'Hello','Sec']
>>> lst.remove('Sec')
>>> lst
['MUC','Python',5,6,'Hello']
>>> lst.pop()
'Hello'
>>> lst
['MUC','Python',5,6]
>>> lst.pop(0)
'MUC'
>>> lst
['Python',5,6]
```

视　频

列表的基本操作：修改元素

知识要点

（1）可以使用下标方法更新指定列表元素的值，也可以更新切片元素的多个值。

（2）可以使用 append()方法追加新的列表元素，追加的元素放在列表的最后。

（3）删除列表中元素的方法有多种：

① 使用 del 语句删除知道确切索引号的元素，还可以使用 del 语句删除整个列表。

视　频

列表的基本操作：添加元素

视　频

列表的基本操作：删除元素

② 使用 remove()方法删除指定内容的元素。

③ 使用 pop()方法删除指定位置的元素或者不指定位置时删除末尾元素，pop()方法有返回值。

（4）关于方法和函数可以直观地理解为，针对某种数据类型的方法则是专用的操作手段，使用“.”运算符挂在列表名后边操作；而函数则是功能独立的代码段，调用时列表可以是函数的一个参数。

4.2.2 列表常用操作符

【例 4.4】 列表操作符。

```
>>> lst1 = ['hello','hi','hiya']
>>> lst2 = [1,2,3]
>>> lst1+lst2
['hello','hi','hiya',1,2,3]
>>> lst3 = lst2*3
>>> lst3
[1,2,3,1,2,3,1,2,3]
>>> lst1*2
['hello','hi','hiya','hello','hi','hiya']
>>> 'hiya' in lst1
True
>>> 'howdy' not in lst1
True
>>> 'hi' in lst2
False
```

知识要点

1. 列表的连接

加号（+）用于两个列表之间时，作用是将两个列表中的元素连接起来形成一个新的列表。例如，在【例 4.4】中，使用 lst1+lst2 连接两个列表，但是用加号连接列表是一种相对高代价的操作，因为连接过程中会创建新的列表，并且还要复制对象。如果只是需要向已有列表中添加新的元素，使用 extend() 方法是更好的选择，尤其是当需要构建一个大型列表的时候，使用 extend()要快得多。

2. 列表操作符

除了连接操作符，比较运算符和布尔运算符也可以用于列表。成员关系操作符、连接操作符、重复操作符和切片操作符则是列表的专用操作符。对操作符的功能描述见表 4-1。

表 4-1 操作符的功能描述

操 作 符	功 能 描 述	操 作 符	功 能 描 述
>，<，>=，<=，==，!=	对象值比较	+	连接操作符
is，is not	对象身份比较	*	重复操作符
not，and，or	布尔运算符	[]，[:]，[::]	切片操作符
in，not in	成员关系操作		

两个列表比较大小时，如果两个列表都只有一个元素，直接比较两个列表中元素的大小，例如：

```
>>> list1 = [123]
>>> list2 = [456]
```

```
>>> list1 > list2
  False
```

如果列表中有多个元素，首先比较两个列表中第 1 个位置的元素，如果哪个列表第 1 个位置的元素大，则该列表大。如果值相等，就比较两个列表中第 2 个位置的元素，直到遇到对应位置的元素不相等或者对应位置的元素全部比较完毕，得到运算结果。例如：

```
>>> list1 = [45,23]
>>> list2 = [16,50]
>>> list1 < list2
False
```

4.2.3 列表常用函数或方法

【例 4.5】列表处理（使用内置函数）。

```
>>> lst1 = [1,2,3,4,5,6]
>>> lst2 = ['a','b','c','d','e']
>>> str(lst1)
'[1,2,3,4,5,6]'
>>> str(lst2)
"['a','b','c','d','e']"
>>> len(lst1)
6
>>> max(lst1)
6
>>> min(lst2)
'a'
>>> reversed(lst2)
<list_reverseiterator object at 0x7fc382c88e10>
>>> for i in reversed(lst1):
        print(i)
6
5
4
3
2
1
>>> lst3 = [2,1,5,4,6,3]
>>> sorted(lst3)
[1,2,3,4,5,6]
>>> lst3
[2,1,5,4,6,3]
>>> lst4 = sorted(lst3)
>>> lst4
[1,2,3,4,5,6]
>>> sum(lst4)
21
>>> for i,j in zip(lst1,lst2):
        print(i,j)
1 a
2 b
3 c
4 d
5 e
```

【例 4.6】列表处理（使用方法）。

```
>>> lst = ['b',3,'d',2,'c',1,'a',5,4,'e']
>>> lst
['b',3,'d',2,'c',1,'a',5,4,'e']
>>> lst.reverse()
>>> lst
['e',4,5,'a',1,'c',2,'d',3,'b']
>>> lst.append('f')
>>> lst
['e',4,5,'a',1,'c',2,'d',3,'b','f']
>>> lst0 = [0,6,'g']
>>> lst.extend(lst0)
>>> lst
['e',4,5,'a',1,'c',2,'d',3,'b','f',0,6,'g']
>>> lst.insert(0,0)
>>> lst
[0,'e',4,5,'a',1,'c',2,'d',3,'b','f',0,6,'g']
>>> lst.count(0)
2
>>> lst.index(0)
0
>>> lst.index(5)
3
>>> lst.sort()
Traceback (most recent call last):
  File "<pyshell#104>", line 1, in <module>
    lst.sort()
TypeError: '<' not supported between instances of 'str' and 'int'
```

视 频

列表其他操作：常用内置函数

1. 处理列表的内置函数和方法

与字符串的处理类似，列表也可以使用内置函数或方法完成相应的操作。在【例 4.5】中都是用内置函数处理列表，其中 str()功能是将列表转成字符串、len()功能是计算列表中元素的个数、min()功能是找出列表中的最小值、reversed()功能是将列表数据逆序排列。列表常用方法见表 4-2。在【例 4.6】中使用了处理列表的 reverse()、append()、insert()等方法。注意，内置函数直接用内置函数名（参数）的形式调用，而列表方法只能用列表名.方法名（参数）的形式调用。

表 4-2 列表常用方法

方 法 名	功 能 描 述
append(obj)	在列表添加一个元素
extend(seq)	把序列 seq 的内容添加到列表中
insert(index, obj)	在索引值位置插入元素
pop(index=-1)	删除并返回指定位置元素，默认位置为-1（末元素）
remove(obj)	删除指定元素
count(obj)	返回指定元素出现的次数
index()	返回指定区间内指定对象的索引值
sort()，reverse()	排序和反序操作

2. 内置函数 sorted()和列表方法 sort()的区别

视　频

列表其他操作：排序和翻转

内置函数 sorted()和列表方法 sort()都可以对列表排序，但是两者有本质的区别，sort()是只能应用在列表数据上的方法，而 sorted()可以对所有可迭代的对象进行排序操作。sort()方法是在原列表上直接操作，无返回值。而内置函数 sorted()不改变原列表，返回值是排序后新的列表。

针对【例 4.5】的 lst3 列表，如果使用内置函数 sorted()，先用 sorted(lst3)，再输出 print(lst3)，结果是[2, 1, 5, 4, 6, 3]，即 sorted()内置函数没有改变 lst3 的值。如果使用 sort()方法，先用 lst3.sort( )，再输出 print(lst3)，结果是[1, 2, 3, 4, 5, 6]，即 sort()方法会改变 lst3 的值。

在【例 4.6】中，最后一个命令行 lst.sort()提示出错，原因是不同类型（数字和字符）的数据不能混排，只能针对同一类型的数据进行排序。

【例 4.7】将若干同学的某门课程的成绩存入到一个列表中，实现成绩列表的添加、删除、排序、输出前五名成绩的相关操作。

```
>>> score_python = [65,88,79,95,100,58,81,58,90,77]
>>> score_python.append(33)
>>> score_python
[65,88,79,95,100,58,81,58,90,77,33]
>>> score_python.index(100)
4
>>> score_python.insert(4,99)
>>> score_python
[65,88,79,95,99,100,58,81,58,90,77,33]
>>> score_python.remove(99)
>>> score_python.pop()
33
>>> score_python
[65,88,79,95,100,58,81,58,90,77]
>>> score_python.sort(key=None,reverse=True)
>>> score_python
[100,95,90,88,81,79,77,65,58,58]
>>> score_python[0:5]
[100,95,90,88,81]
```

【例 4.8】构建一个学生成绩的信息列表，要求列表中每个元素又是一个包含学生基本信息（学号、姓名和成绩）的列表数据，程序能够实现学生信息的添加、删除、统计、排序等操作。

```
score = [[1901,'张三',80],[1902,'李四',76],[1903,'王五',90],[1904,'赵六',
68],[1905,'孙七',86]]
for item in score:
    print(item)
print("******><><******")
while(1):
    print("1.增加一条学生成绩")
    print("2.按照学号删除成绩")
    print("3.全部学生成绩平均值")
    print("4.输出成绩的前三名")
    print("0.Exit")
    choice=int(input("输入你的选择:").strip(" "))
    if choice==0:
```

```
            break
        elif choice==1:
            new_score = input("按学号、姓名和成绩的顺序输入一条信息(逗号分开):
\n").strip(" ")
            new_score = new_score.strip(" ").split(",")
            new_score[0] = int(new_score[0])
            new_score[2] = int(new_score[2])
            score.append(new_score)
        elif choice==2:
            num = int(input("输入删除的学号:").strip(" "))
            for item in score:
                if item[0]==num:
                    score.remove(item)
                    break
        elif choice==3:
            sum = 0
            for item in score:
                sum = sum+item[2]
            average = sum/len(score)
            print(average)
        elif choice==4:
            score.sort(key=lambda x:x[2],reverse=True)
            print(score[0:3])
        else:
            print("!!!输入编号错误!!!")
```

知识要点

1. 一维列表和二维列表

Python 列表中的元素可以是任何对象。在实际使用中，通常把元素都是同类型基本数据的列表称为一维列表。例如，B=[1,2,3,4,5]。如果列表是由若干相同长度的一维列表构成，把这种列表称为二维列表。例如，A=[[1,2,3,4,5], [6,7,8,9,10], [11,12,13,14,15]]。

视 频

列表的嵌套

在【例 4.8】中，学生信息列表包含若干名学生的基本信息，每个学生的基本信息包含学号、姓名和成绩。整个学生信息表看成是一个多行多列的结构，每行是一名同学的信息，总行数是学生的总人数，可以使用二维列表存储，如【例 4.8】代码第 1 行所示，score 是一个二维列表。

2. 字符串处理

Python 字符串的常用操作包括：替换、删除、截取、赋值、连接、比较、查找、分割等。在【例 4.8】用到了 strip()和 split()操作字符串的内置方法。其中，strip()方法可以移除字符串头尾指定的字符或者字符序列，返回删除后的所得到的新序列。split()方法是对字符串进行分隔，可以指定具体的分隔符，默认分隔符包括空格、换行（\n）和制表符（\t）等，返回分隔后的字符串列表。

3. 转义字符

在字符串中经常使用一种特殊的字符——转义字符，书写形式是反斜杠（\）加转义字符。转义字符主要用于两种情况：第一是输出特殊的字符；第二是表示一些特殊的控制符号，例如，回车符（\r）、换行符（\n）和制表符（\t）等。

在 Python 中，单引号、双引号和三引号已经用于做字符串的定界符，但如果需要在字符串中使用这种已经有特殊作用的字符时，该如何在字符串中描述这种字符呢？例如字符串 It's me，如果写成 s = 'It's me'，编辑器就会报错，因为这个字符串是用单引号括起来的，可中间又出现一个单引号，这就有了歧义。此时需要用到转义字符，写成 s = 'It\'s me'。同理，在字符串中如果使用字符'\'时，需要写成'\\'。

4. lambda 表达式

在 Python 中，可以使用 lambda 关键字创建匿名函数，功能类似于一个简单函数，可以当作表达式使用，常见的使用形式为：

```
lambda 形参1,形参2, … :表达式
```

例如，求两个数的和，可以用如下方式实现：

```
>>>add = lambda a,b:a+b
>>>print(add(6,8))
14
```

在上例中，a 和 b 是形参名称，a+b 是用于处理数据的表达式，在 print(add(6,8))命令中使用函数 add()计算时，实参 6 传给形参 a，实参 8 传给形参 b。

lambda 表达式也可以作为一个函数的参数使用，例如，将列表中元素值都加 10，可以使用如下方式完成：

```
>>>x = [1,2,3,4,5]
>>>print (list(map(lambda y:y+10,x)))
[11, 12, 13, 14, 15]
```

在上例中，lambda 表达式作为 map()函数的一个参数使用，形参 y 代表 x 中的一个元素，map()函数的执行过程是：将 x 列表中的各个元素值依次取出，传给形参 y，执行 y+10 操作。

5. 升序和降序

列表的排序方法有两种使用形式：带参数和不带参数。如果不指定参数，默认是升序排列。例如：

```
>>>ls = [5,2,1,4,3]
>>>ls.sort()
>>>print(ls)
[1,2,3,4,5]
```

如果指定参数，具体语法形式如下：

```
sorted(key = None, reverse = False)
```

其中，key 一般用来指定使用列表或其他可迭代对象中的哪些元素进行排序，默认值为 None，对迭代对象中的所有元素进行排序。reverse 指定排序规则，reverse=True 为降序，reverse=False 为升序（默认），例如：

```
>>>ls.sort(key = None,reverse = True)
>>>print(ls)
[5,4,3,2,1]
```

在【例 4.8】中，当选择功能 4 时，程序中先对 score 中的数据按成绩进行降序排列，再输出排序结果中的前三个，得到前三名同学的信息。排序代码为 score.sort(key = lambda x:x[2], reverse = True)，key 的值为 lambda 表达式的值，其中 x 形参代表二维列表 score 中的一个元素，x[2]代表取 x 中下标为 2 的元素值。由于 score 是二维列表，把二维列表的每行看成一个整体，

那二维列表的元素就是若干个一维列表，即 score 的元素是包括学号、姓名和成绩的一维列表，x[2]是一维列表的第 3 个元素，即成绩。

4.3 元组

元组是序列数据类型，元组和列表有很多相似之处，但是又有一些根本性的差别。元组和列表同属于序列数据类型，因此在列表上的操作基本上都适用于元组操作。但是元组和列表的最大不同之处就在于，元组的元素不能修改，元组属于不可变对象，而列表是可变对象。在形式上，列表使用方括号，而元组则使用圆括号。本节就元组的独特性进行简单阐述，元组和列表的相同操作这里不再赘述。

4.3.1 元组的基本操作

【例 4.9】创建元组，并对元组的元素进行访问操作。

```
>>> tp1 = ('MUC','Python',2020)
>>> tp1
('MUC','Python',2020)
>>> type(tp1)
<class 'tuple'>
>>> lst = ['abc','xyz', 123]
>>> lst
['abc','xyz',123]
>>> type(lst)
<class 'list'>
>>> tp2 = tuple(lst)
>>> tp2
('abc','xyz',123)
>>> type(tp2)
<class 'tuple'>
>>> tp2[-1]
123
>>> tp=tp1[0]+tp2[0]
>>> tp
'MUCabc'
>>> tp1 = tp1 + tp2[0:2]
>>> tp1
('MUC','Python',2020,'abc','xyz')
>>> del tp2
>>> tp2
Traceback (most recent call last):
  File "<pyshell#16>", line 1, in <module>
    tp2
NameError: name 'tp2' is not defined
```

知识要点

（1）使用圆括号将一组 Python 对象括起来，各个对象之间用逗号分隔，就创建了一个元组；也可以使用空的圆括号创建一个空元组；还可以使用 tuple()函数创建元组。

（2）若使用圆括号创建只有一个元素的元组时，要在元素后加上逗号，否则不能创建一个元组。

视　频

元　组

（3）元组与列表一样，可以使用下标进行索引访问，下标索引从 0 开始；也可以从最后一个元素开始按照负数逆序进行索引访问；还可以进行切片操作。

（4）元组中的元素值不可以修改，但可以对元组进行连接操作，使得原先的元组指向新的元组组合；注意修改元组内的元素和元组的重新组合是两个概念。

（5）del 语句操作可以删除元组，在上例中最后删除 tp2 元组后，再次访问 tp2 则会出现错误提示。

4.3.2　元组的独特性

【例 4.10】对特定元组进行操作，理解元组的独特性。

```
>>> tp = ('MUC','Python',2020,['abc','xyz',123])
>>> tp
('MUC','Python',2020,['abc','xyz',123])
>>> tp[3][2] = 'end'
>>> tp
('MUC','Python',2020,['abc','xyz','end'])
>>> 1, ['a','b','c'], 2020, 'python', 'muc'
(1, ['a', 'b', 'c'], 2020, 'python', 'muc')
```

知识要点

（1）如果一个元组中的元素是可变对象，那么这个可变对象是可以修改的，从这个角度看，也算是对元组的一个修改，但没有增加或者删除元素，且仅限于可变对象的元素。

（2）对于一组用逗号分隔的数据，没有明确定义时，Python 默认该组数据是元组数据。

（3）元组和列表可以通过相应的函数进行转换。

（4）元组的其他运算符操作与列表是一致的，元组的内置函数和方法操作则是与序列的函数和方法保持一致的。

4.4　字典

字典是映射数据类型，是键值对元素组成的无序集合。每一个键值对代表字典的一个元素，键代表了元素的特征项，可以理解为属性、关键字，值则是指与键对应的内容数据，是键这个属性下的具体内容。字典的数据是用花括号{}括起来的一组数据，每一个键值对元素之间用逗号分隔，键值对之间用冒号分隔。作为字典元素的键值对，有其特定的要求，键必须是不可变对象，且字典中键不能重复，每一个键只能出现一次，键值对中的值则相对自由，可以是可变对象也可以是不可变对象，且值在字典的不同元素中可重复出现。

视　频

字　典

4.4.1　字典的基本操作

【例 4.11】创建字典数据，并对字典数据进行简单的操作。

```
>>> dict1 = {}
>>> dict1
{}
```

```
>>> type(dict1)
<class 'dict'>
>>> dict2 = {'Jerry':8,'Tom':5,'Mary':10}
>>> dict2
{'Jerry':8,'Tom':5,'Mary':10}
>>> dict3 = {'Name':'Tom','Age':22,'Sex':'Male',123:'China USA US'}
>>> dict3
{'Name': 'Tom','Age':22,'Sex':'Male',123:'China USA US'}
>>> print("dict2['Jerry']:",dict2['Jerry'])
dict2['Jerry']:8
>>> dict2['Tom'] = 7
>>> dict2['Lily'] = 9
>>> dict2
{'Jerry':8,'Tom':7,'Mary':10,'Lily':9}
>>> del dict3[123]
>>> dict3
{'Name':'Tom','Age':22,'Sex':'Male'}
>>> dict3.clear()
>>> dict3
{}
>>> del dict3
>>> dict3
Traceback (most recent call last):
  File "<pyshell#15>", line 1, in <module>
    dict3
NameError: name 'dict3' is not defined
```

知识要点

（1）创建一个空字典，可以直接使用花括号里面不加任何数据赋值给字典变量；若要在创建字典时顺便加入字典的键值对也是可以的，这样就创建了一个带有数据的字典；字典的键是不可变对象，在命名键时可以使用数字、字符串或者是元组，但是不能是可变对象，如列表等；字典的值可以是任何对象。

视 频

字典的基本操作

（2）访问字典与之前的访问列表和元组相似，但不同的是字典是用键来作为索引；当增加一个字典元素（键值对）时，只需要将新的键作为索引并赋值即可，删除一个字典元素则使用 del 命令，使用 clear()方法可将字典清空成为空字典，当使用 del 指令进行操作时，若后边指定的是字典名，则会删除字典变量，再次访问该字典时会报错（见上例最后部分）。

4.4.2 字典的内置函数和方法

【例 4.12】使用字典的内置函数和方法对字典数据进行操作。

```
>>> dict2 = \
{'Jerry':8,'Tom':7,'Mary':10,'Lily':9}
>>> len(dict2)
4
>>> type(dict2)
<class 'dict'>
```

```
>>> str(dict2)
"{'Jerry':8,'Tom':7,'Mary':10,'Lily':9}"
>>> dict2.items()
dict_items([('Jerry',8),('Tom',7),('Mary',10),('Lily',9)])
>>> dict2.keys()
dict_keys(['Jerry','Tom','Mary','Lily'])
>>> dict2.values()
dict_values([8,7,10,9])
>>> dict2.get('Lily',20)
9
>>> dict2.get('Lucy',12)
12
>>> dict2
{'Jerry':8,'Tom':7,'Mary':10,'Lily': 9}
>>> dict2.pop('Lily',20)
9
>>> dict2
{'Jerry':8,'Tom':7,'Mary':10}
>>> dict2.popitem()
('Mary',10)
>>> dict2
{'Jerry':8, 'Tom': 7}
>>> dict3 = dict2.fromkeys('ABCDEF',9)
>>> dict3
{'A':9,'B':9,'C':9,'D':9,'E':9,'F':9}
>>> dict2
{'Jerry':8,'Tom': 7}
>>> dict3.update(dict2)
>>> dict3
{'A':9,'B':9,'C':9,'D':9,'E':9,'F':9,'Jerry':8,'Tom':7}
>>> dict2.setdefault('Jerry',16)
8
>>> dict2
{'Jerry':8,'Tom':7}
>>> dict2.setdefault('Lily',10)
10
>>> dict2
{'Jerry':8,'Tom':7,'Lily':10}
```

【例 4.13】二维列表中存放有若干名学生的基本信息，每个学生的信息包括：姓名、性别和年龄。将男生和女生的人数存入字典并输出。

```
StuInfo = [["王硕","男",18],["李梅","女",21],["赵翔","男",20],["王楠","女",19],
        ["张力","男",20],["陈昊","男",18],["丁宁","女",19],["王飞","男",20]]
StuDict = {}
for item in StuInfo:
    sex = item[1]
    StuDict[sex] = StuDict.get(sex,0)+1
print("统计结果为:")
for key,value in StuDict.items():
    print(key,value,"人")
```

1. get()方法

使用 get()方法可以提取字典中键所对应的值。使用形式如下所示：

```
字典名.get(键[, 默认值])
```

默认值是可选参数，当字典不存在给定的键，则返回默认值。例如：

```
>>>stu = {'Jerry':8,'Tom':7,'Mary':10,'Lily':9}
>>>stu.get("Jack",13)
13
```

如果给定键在字典中存在，则返回键所对应的值，此时给定的默认值无效。例如：

```
>>>stu.get("Tom",15)
7
```

如果确定给定键在字典中存在，可以不用设置默认的返回值。例如：

```
>>>stu.get("Mary")
10
```

当给定键在字典不存在时，为了更清楚地提醒用户，默认值也可以用字符串来表示，例如：

```
>>>stu.get("Peter","信息不存在")
'信息不存在'
```

视 频

字典的排序

在【例 4.13】中，代码 StuDict[sex]=StuDict.get(sex,0)+1 的功能是：如果字典 StuDict 中存在键 sex，则将 sex 键对应的值加 1；如果没有键 sex，则在字典 StuDict 中创建一个键为 sex、值为 1 的键值对。

2. 字典常用方法

字典操作的常用方法见表 4-3。

表 4-3 字典操作的常用方法

方 法	功 能 描 述
clear()	清空字典
copy()	返回字典的浅复制副本
items()	返回字典键值对元组组成的列表
keys()	返回字典键组成的列表
values()	返回字典值组成的列表
get()	返回字典某个键所对应的值
pop()	删除并返回指定键对应的字典元素
popitem()	删除并返回一个字典元素组成的元组（后进先出法则）
fromkeys()	使用指定序列和值创建一个字典
update()	更新字典的键值对
setdefault()	返回键对应的默认值，缺少默认值时用参数值更新字典元素

4.5 集合

在 Python 中，集合是一种非常重要的数据类型，它在数据处理、算法设计和编程实现中扮演着重要的角色。集合的主要特点是存储一组不重复的元素，并且具备高效的成员检查操作。

与其他数据类型（如列表和元组）相比，集合的独特之处在于其无序性和唯一性。集合在 Python 中具有重要的地位和应用价值。它为我们提供了一种高效地存储和处理不重复元素的方式，为数据分析、算法设计和编程实现提供了便利。

4.5.1 集合的基本操作

【例 4.14】假设需要管理一个班级的学生名单，使用集合存储学生名单，并实现学生信息的添加、删除和更新等操作。

```
# 创建一个空的学生名单集合
students = set()
# 添加学生
students.add('李雷')
students.add('张力')
students.add('王飞')
# 打印原始的学生名单
print('\n更新前的学生名单: ')
for student_name in students:
    print('学生姓名: {}'.format(student_name))
# 更新学生信息（删除张力的信息）
students.remove('张力')
# 增加丁宁的信息
students.update(['丁宁','王楠'])
# 打印更新后的学生名单
print('\n更新后的学生名单: ')
for student_name in students:
    print('学生姓名: {}'.format(student_name))
```

运行情况：

```
更新前的学生名单:
学生姓名: 王飞
学生姓名: 张力
学生姓名: 李雷

更新后的学生名单:
学生姓名: 王飞
学生姓名: 李雷
学生姓名: 王楠
学生姓名: 丁宁
```

知识要点

1. 集合的创建

在 Python 中，集合是一种无序、不重复的数据类型。它由花括号{}包围，并且集合中的每个元素之间使用逗号分隔。在 Python 中，集合可以分为可变集合和不可变集合两种类型。

（1）可变集合是指创建后可以进行添加、删除等操作的集合。在 Python 中，使用花括号{}或者 set()函数可以创建可变集合。使用 set()函数可以创建一个空集合。

（2）不可变集合是指一旦创建后，就不能再进行添加、删除等操作的集合。在 Python 中，使用 frozenset()函数可以创建不可变集合。

```
fruits = {"apple", "banana", "orange"}      # 使用花括号创建集合
numbers = set([1,2,3,4,5])                  # 使用set()函数创建集合
my_set = frozenset([1,2,3])                 # 创建不可变集合
```

2. 集合元素的访问

集合是无序的，因此不能通过索引来访问集合中的元素。但可以使用循环或特定的集合操作来遍历集合中的元素。例如，使用循环遍历集合元素并打印出来：

```
num = {1,2,3}
for i in num:
    print(i)
```

3. 集合的更新

当涉及集合的增加、修改和删除操作时，我们可以使用集合的一系列相关方法来实现灵活的操作。

（1）增加元素：

① 使用 add()方法将单个元素添加到集合中。如果元素已存在于集合中，则不会重复添加。

```
students = set()                      # 创建一个空的学生名单集合
students.add('李雷')                  # 添加学生
print(students)                       # 输出结果：{'李雷'}
```

② 使用 update()方法将多个元素添加到集合中。可以传入可迭代对象（如列表、元组、集合）作为参数，将其中的元素添加到集合中。

```
name_list = ['丁宁','王楠']           # 创建一个包含两个元素的列表
my_set = set()                        # 创建一个空集合
my_set.update(name_list)
print(my_set)                         # 输出结果：{'丁宁','王楠'}
```

（2）修改元素：

由于集合是无序且不可重复的，不能直接修改集合中的元素。但是我们可以先将需要修改的元素从集合中移除，然后再添加新的元素来实现“修改”的效果。

（3）删除元素：

① 使用 remove()方法删除集合中的指定元素。如果元素不存在于集合中，会引发 KeyError 异常。

```
my_set = {1,2,3}                      # 创建一个包含三个元素的集合
my_set.remove(2)                      # 删除元素 2
print(my_set)                         # 输出结果：{1, 3}
```

② 使用 discard()方法删除集合中的指定元素。如果元素不存在于集合中，不会引发异常。

```
my_set = {1,2,3}                      # 创建一个包含三个元素的集合
my_set.discard(4)                     # 删除不存在的元素 4
print(my_set)                         # 输出结果：{1, 2, 3}
```

③ 使用 pop()方法随机删除并返回集合中的一个元素。由于集合是无序的，所以删除的元素是不确定的。

```
my_set = {1,2,3}                      # 创建一个包含三个元素的集合
removed_element = my_set.pop()        # 随机删除并返回一个元素
print(my_set)                         # 输出结果：{2, 3}（被删除的元素不确定）
print(removed_element)                # 输出结果：1
```

4.5.2 集合的其他操作

【例 4.15】有两个选修课班级，每个班级的学生名单存储在两个列表中。请编写一个程序，实现以下功能：

① 判断两个班级中是否存在相同的学生。

② 找出同时在两个班级中的学生。

③ 找出只在一个班级中出现的学生。

④ 找出两个班级中的所有学生，并统计学生人数。

```
# 学生名单
class1 = {"王硕", "李梅", "李雷", "王飞"}
class2 = {"张力", "陈昊", "王硕", "王飞"}
# 找出同时在两个班级中的学生
both_classes = set(class1) & set(class2)
print("同时在两个班级中的学生:", both_classes)
# 找出只在一个班级中出现的学生
only_class1 = set(class1) - set(class2)
only_class2 = set(class2) - set(class1)
print("只在第一个班级出现的学生:", only_class1)
print("只在第二个班级出现的学生:", only_class2)
# 找出两个班级中的所有学生
all_students = set(class1) | set(class2)
print("两个班级中的所有学生:", all_students)
print("两个班级中的所有学生人数:", len(all_students))
```

运行情况：

```
同时在两个班级中的学生: {'王硕', '王飞'}
只在第一个班级出现的学生: {'李梅', '李雷'}
只在第二个班级出现的学生: {'张力', '陈昊'}
两个班级中的所有学生: {'王硕', '王飞', '张力', '李梅', '李雷', '陈昊'}
两个班级中的所有学生人数: 6
```

知识要点

1. 集合的长度

可以使用内置函数 len()来获取集合中元素的个数。

```
Name = {'王硕', '王飞', '张力'}
print(len(Name ))           # 输出: 3
```

2. 集合的并、交、差运算

（1）并运算（union）：将两个集合中的所有元素合并成一个新的集合，新集合中不包含重复元素。

```
set1 = {1,2,3}
set2 = {3,4,5}
union_set = set1.union(set2)
print(union_set)            # 输出: {1,2,3,4,5}
```

（2）交运算（intersection）：找出两个集合中共同存在的元素，即两个集合的交集。

```
set1 = {1,2,3}
```

```
set2 = {3,4,5}
intersection_set = set1.intersection(set2)
print(intersection_set)  # 输出: {3}
```

（3）差运算（difference）：从一个集合中去除另一个集合中存在的元素，即求差集。使用“-”运算符或difference()方法来获取两个集合的差集。

```
set1 = {1,2,3}
set2 = {3,4,5}
difference_set = set1.difference(set2)     #difference_set = set1-set2
print(difference_set)      # 输出: {1,2}
```

4.5.3 集合可用的方法

【例 4.16】使用集合方法替代例 4.15 中的函数。

```
# 学生名单
class1 = {"王硕","李梅","李雷","王飞"}
class2 = {"张力","陈昊","王硕","王飞"}
# 找出同时在两个班级中的学生
both_classes = class1.intersection(class2)
print("同时在两个班级中的学生:", both_classes)
# 找出只在一个班级中出现的学生
only_class1 = class1.difference(class2)
only_class2 = class2.difference(class1)
print("只在第一个班级出现的学生:", only_class1)
print("只在第二个班级出现的学生:", only_class2)
# 找出两个班级中的所有学生
all_students = class1.union(class2)
print("两个班级中的所有学生:", all_students)
print("两个班级中的所有学生人数:", len(all_students))
```

运行情况：

```
同时在两个班级中的学生: {'王硕','王飞'}
只在第一个班级出现的学生: {'李梅','李雷'}
只在第二个班级出现的学生: {'张力','陈昊'}
两个班级中的所有学生: {'王硕','王飞','张力','李梅','李雷','陈昊'}
两个班级中的所有学生人数: 6
```

知识要点

适用于集合的方法（见表 4-4）。

表 4-4　集合可用的方法

方法名称	方法描述	例　子
s.add()	向集合中添加元素	s.add(4)
s.remove()	从集合中删除指定元素	s.remove
s.pop()	删除集合中的一个元素，并返回该元素的值	x = s.pop()
s.update()	将另一个集合中的元素添加到当前集合中。	s1.update(s2)
s.union()	返回当前集合与另一个集合的并集	s3 = s1.union(s2)
s.intersection()	返回当前集合与另一个集合的交集	s3 = s1.intersection(s2)

续表

方法名称	方法描述	例子
s.difference()	返回当前集合相对于另一个集合的差集，即当前集合中存在而另一个集合中不存在的元素	s3 = s1.difference(s2)
s.symmetric_difference()	返回当前集合与另一个集合的对称差集，即两个集合中不重复的元素的集合	s3 = s1.symmetric_difference(s2)
s.issubset()	判断当前集合是否是另一个集合的子集	s1.issubset(s2)
s.issuperset()	判断当前集合是否是另一个集合的超集	s1.issuperset(s2)
s.isdisjoint()	判断两个集合是否没有相同的元素	s1.isdisjoint(s2))

4.6 应用实例

问题描述

设计一个通讯录管理系统，包括信息的添加、删除和查找等功能。通讯录中每个人的信息见表 4-5。程序运行后，会在屏幕上显示功能列表，按编号选择相应的功能，执行完一项功能后，会继续显示功能列表，可以选择相应的功能继续执行，直到输入编号 0，结束整个程序。功能列表如下所示：

1. 添加信息
2. 删除信息
3. 查找信息
4. 统计人数
5. 显示信息
0. 退出

表 4-5　通讯录数据结构

姓名	电话	工作地点
张三	138　5678	北京
李四	185　5678	上海
王五	139　5678	广州

基本思路

使用列表存储所有朋友的信息，列表中的每个元素也是一个列表，用于存储一个朋友的所有信息。整个数据结构可以看成是二维列表，其中每一行是一个人的完整信息。

程序主体是个循环结构，在循环体内，先显示功能列表，再输入功能编号（input()得到的是字符串，需要通过 int()函数将数字字符串转成整数），最后通过多分支结构实现不同的功能，直到输入 0，退出循环，结束整个程序。

添加信息是直接在已有列表尾部追加一维列表，其他几项功能在处理时需要判断存放通讯录的列表是否为空。

程序代码

```
import sys
flag=1
data=[]
while( 1 ):
    print("********************")
    print("  1. 添加信息")
    print("  2. 删除信息")
    print("  3. 查找信息")
    print("  4. 统计人数")
    print("  5. 显示信息")
    print("  0. 退出")
    print("********************")
    ch=int(input("请输入功能编号:"))
    if( ch==1 ):
        person=[]
        info=input("请输入姓名，电话，工作地点(中文逗号分隔)")
        person=info.strip(" ").split("，")
        data.append(person)
    elif( ch==2 ):
        flag=0
        if(len(data)==0):
            print("通讯录为空!")
        else:
            name=input("请输入要删除的姓名:").strip(" ")
            for line in data:
                if(line[0]==name):
                    flag=1
                    data.remove(line)
                    break
            if(flag==0):
                print("没找{}的信息!".format(name))
    elif( ch==3 ):
        flag=0
        if(len(data)==0):
            print("通讯录为空!")
        else:
            name=input("请输入要查找的姓名:").strip(" ")
            for line in data:
                if(line[0]==name):
                    flag=1
                    print("查询结果为: ")
                    print(line[0],line[1],line[2])
                    break
            if(flag==0):
                print("没找{}的信息!".format(name))
    elif(ch==4):
        if(len(data)>0):
            p_dict={}
```

```
            for line in data:
                p_dict[line[2]]=p_dict.get(line[2],0)+1
            print("统计结果为:")
            for key,value in p_dict.items():
                print(key,value,"人")
        else:
            print("通讯录为空!")

    elif(ch==5):
        if(len(data)>0):
            for line in data:
                for item in line:
                    print(item,end=' ')
                print("\n")
        else:
            print("通讯录为空!")
    elif(ch==0):
        sys.exit(0)
    else:
        print("功能编号错误!")
```

习　　题

一、判断题

（1）元组是 Python 中的一种有序、可变的数据类型。（　　）

（2）字典是 Python 中的一种无序的数据类型，它存储键值对。（　　）

（3）序列可以使用索引来访问其中的元素。（　　）

（4）字典中的键必须是唯一的，但值可以重复。（　　）

（5）集合可以进行切片操作。（　　）

（6）元组可以作为字典的键，但列表不能。（　　）

二、编程题

（1）编写程序，从 0～9 十个数字中随机抽取 4 个数字，组成一个随机数密码。

（2）编写程序，用冒泡排序算法对列表内的数字元素进行排序，排序完成后分别打印输出排序前后的列表内容。

（3）随机产生 8 个 50 以内的数字组成一个元组，找出元组内的极值。

（4）使用字典来管理一个系统所有的账户密码。

第5章 程序基本结构

Python语言支持面向对象的设计方法，同时也支持面向过程的设计方法。对于初学者，面向过程的程序设计方法更容易掌握，本章主要介绍面向过程方法中的三种基本结构：顺序结构、分支结构和循环结构。

通过本章的学习，应该掌握以下内容：

（1）程序的IPO模型。

（2）输入（input）和输出（print）。

（3）分支结构：单分支、双分支和多分支。

（4）循环结构：while语句和for语句。

5.1 顺序结构

解决问题的若干步骤组合在一起就构成了程序，计算机执行程序就是按照某种特定的顺序去执行相关步骤。在顺序结构中，程序中的所有步骤按照出现的先后顺序依次被执行，每个步骤都会被执行且仅执行一次。

视 频

顺序结构

【例5.1】输入同学的姓名和成绩，输出姓名、成绩的值及其值的类型。

程序代码：

```
name = input("请输入姓名:")
score = input("请输入成绩:")
print(name, score)
print(type(name),type(score))
```

运行情况：

```
请输入姓名: 张三
请输入成绩: 98
运行情况:
张三  98
<class 'str'>  <class 'str'>
```

知识要点

1. 输入——input()函数

视　频

程序输入与输出

运行程序时，通常需要从键盘输入要处理的原始数据，input()函数的功能是返回用户从键盘输入的数据，同时可以设定输入提示信息，以便用户清晰地知道该输入什么。具体使用形式如下：

```
input("输入提示信息")
```

注意：输入提示信息必须放在一对双引号或单引号中。在【例 5.1】中，当执行到语句 name=input("请输入姓名:")时，会在交互窗口中显示“请输入姓名:”，此时输入“张三”，再按【Enter】键，name 变量得到的值为“张三”。当执行到语句 score=input("请输入成绩:")时，会在交互窗口中显示“请输入成绩:”，此时输入“90”，再按【Enter】键，score 变量得到的值为“90”。

2. 输出——print()函数

为了验证算法的正确性，需要输出程序处理后的结果数据，print()函数用于向交互窗口输出任何类型的数据，其使用形式如下：

```
print(输出对象, sep = ' ',end = '\n')
```

其中，输出对象是任何合法的表达式，如果有多个输出对象，需要用逗号分隔。sep 用于指定多个对象数据之间的分隔符，默认是空格。end 用于指定输出结束后以什么方式结尾，默认是换行符'\n'。

print()函数中的 sep 和 end 参数可以省略，都使用默认值。【例 5.1】中的 print(name,score)中只给了两个输出对象（用逗号分隔）。

5.2　分支结构

在实际问题处理中，简单的顺序结构通常不能满足需求，很多时候，需要在不同的情况下选择执行不同的步骤，此时需要使用分支结构。分支结构是根据条件是否成立，选择相应分支中的语句块执行，语句块执行的总次数为 1 次或 0 次。

5.2.1　单分支结构

【**例 5.2**】从键盘输入两个整数，按从大到小的顺序输出。

程序代码：

```
a = int(input("请输入数:"))
b = int(input("请输入数:"))
if a<b:
    t = a
    a = b
    b = t
print("从大到小为: %d, %d"%(a,b))
```

运行情况：

```
请输入数: 5
```

```
请输入数: 9
输出: 从大到小为: 9, 5
请输入数: 7
请输入数: 2
输出: 从大到小为: 7, 2
```

1. 单分支——if 语句

单分支是最简单的分支控制语句，由三部分构成：if 关键字、条件和代码块。语句具体形式如下：

```
if 条件:
    代码块
```

视 频

if 语句

注意：一是条件后面的冒号不要漏掉，二是代码块必须缩进。单分支 if 语句的执行过程为：先计算条件是否成立，如果成立（值为 True），则执行代码块，语句结束。否则，什么都不做，语句结束，代码块的执行次数是 1 次或 0 次。

在【例 5.2】中，条件为 a<b，代码块由三行构成，分别是 t=a、a=b 和 b=t。当输入 5 和 9 时，条件 a<b 成立（值为 True），执行代码块中的三行语句（交换 a 和 b 的值），整个 if 语句结束；当输入 7 和 2，条件 a<b 不成立（值为 False），不执行代码块，整个 if 语句结束。

2. 代码行（块）的缩进

有些语言（例如 C 或 C++）中，缩进只是一种书写风格，不强制使用。但在 Python 中，缩进是必不可少的，它不仅用来指示代码块的开始和结束，也确定了代码块的层次关系。如果不正确使用，程序会报错。

在【例 5.2】中，if 后面三行代码的缩进步长都是按一次【Tab】键缩进的长度，说明它们属于同一个代码块，当 if 条件成立时，该代码块中的每行语句依次被执行，否则，整个代码块都不执行。具有相同缩进步长的代码块可以看成一个整体。

Python 没有严格规定缩进的步长，常用的缩进步长是四个空格或按一次或多次【Tab】键。

注意：同一个程序中，每层的缩进步长必须保持一致，不能混合使用不同的缩进步长，避免出现错误。

5.2.2 双分支结构

【例 5.3】如果年份能被 4 整除但不能被 100 整除或者能被 400 整除则是闰年，否则，不是闰年。从键盘输入一个年份，判断其是否为闰年。

程序代码：

```
year = int(input("请输入年份:"))
if (year%4==0 and year%100! = 0) or (year%400==0):
    print("%d年是闰年"%year)
else:
    print("%d年不是闰年"%year)
```

运行情况：

```
输入: 2020
输出: 2020年是闰年
```

```
输入: 1990
输出: 1990年不是闰年
```

知识要点

1. 双分支——if...else 语句

```
if 条件:
    代码块1
else:
    代码块2
```

if...else 语句是在单分支 if 语句的基础上增加 else 语句，可以把单分支看成是双分支的特例。注意，在 if 条件和 else 后面都必须加冒号，千万不要漏掉。

视 频

if...else 语句

if...else 语句的执行过程为：先计算 if 后条件的值，如果为 True，则执行代码块 1，整个双分支语句结束；否则，执行代码块 2，整个双分支语句结束。双分支中的代码块 1 或代码块 2 总有一个会被执行。

2. 逻辑运算符及表达式

如果条件比较复杂，通常使用逻辑表达式来描述。Python 中的逻辑运算符有三个：and（并且）、or（或者）和 not（取反）。用逻辑运算符连接多个关系表达式构成的式子称为逻辑表达式。

在【例 5.3】中的逻辑表达式为：（year%4==0 and year%100!=0）or（year%400==0）。当输入 2020 时，逻辑表达式（year%4==0 and year%100!=0）or（year%400==0）的计算过程为：①2020%4==0 值为 True；②2020%100!=0 值为 True；③True and True 值为 True；④True or 2020%400==0，当 or 左侧为 True 时，整个表达式的值一定为 True，不再计算 or 右侧式子 2020%400==0。当输入 1990 时，计算过程为：①1990%4==0 值为 False；②False and 1990%100!=0，此时 and 左侧为 False，整个第②步的结果一定为 False，不再计算 and 右侧式子 1990%100!=0；③False or 1990%400==0；④False or False，最终得到整个表达式的值为 False。

5.2.3 多分支结构

【例 5.4】从键盘输入一个字符串（全部由字母字符构成），如果串的长度为 1，则输出字符的 ASCII 码；如果串的长度为 2，则将字符串重复 5 次并输出；如果串的长度为 3，则将字符串中的所有字符大写并输出，如果串长度大于 3，统计子串'ab'在原字符串中的出现次数。

程序代码：

```
s = input("请输入字符串:")
length = len(s)
if length==1:
    print(ord(s))
elif length==2:
    print(s*5)
elif length==3:
    print(s.upper())
else:
    print(s.count('ab'))
```

运行情况：

```
输入: b
输出: 98
```

```
输入: ab
输出: ababababab
输入: abc
输出: ABC
输入: abcdefabhig
输出: 2
```

知识要点

多分支语句——if...elif...else

在分支结构中，如果有2个以上的分支，可以使用if...else的嵌套形式实现，也可以用专门的多分支语句if...elif...else实现，其中，elif是else if的缩写，具体使用形式如下：

视 频

if...elif...else 语句

```
if 条件1:
    代码块1
elif 条件2:
    代码块2
elif 条件3:
    代码块3
......
else:
    代码块n
```

多分支语句的执行过程：先计算条件1，如果为True，执行代码块1，整个多分支语句结束。如果条件1为False，则计算条件2，如果为True，则执行代码块2，整个多分支语句结束。如果条件2也是False，则计算条件3，如果为True，则执行代码块3，整个多分支语句结束。如此继续下去，假设所有的条件值都为False，则执行else后面的代码块n，整个多分支语句结束。注意，不管有多少个分支，多分支控制语句只能选择其中一个分支后的代码块执行，然后结束整个多分支语句。

5.3 循环结构

循环结构是为重复执行某些步骤而设置的一种结构，由循环条件和循环体两部分构成，其中，循环条件的描述与分支条件相似，循环体是重复执行的代码块。

Python提供了两种循环控制语句：while语句和for语句。

5.3.1 while语句

【例 5.5】假设程序运行时，需要输入密码，如果密码正确，显示“欢迎使用本系统”，否则，显示“密码错误，请重新输入!”，直到密码输入正确，结束程序（密码设为：admin2020）。

程序代码（方式一）：

```
key = input("请输入密码:")
while(key! = 'admin2020'):
    key = input("密码错误, 请重新输入! ")
print("欢迎使用本系统")
```

程序代码（方式二）：

```
key = input("请输入密码:")
while(1):
```

```
    if key=='admin2020':
        print("欢迎使用本系统")
        break
    else:
        key = input("密码错误，请重新输入！ ")
```

运行情况：

```
输入：123456
输出：密码错误，请重新输入！
输入：admin
输出：密码错误，请重新输入！
输入：admin2020
输出：欢迎使用本系统
```

知识要点

1. while 语句

如果循环次数无法确定，通常使用条件控制的循环方式——while 语句，使用的基本形式为：

```
while 条件:
    代码块（循环体）
```

其中，循环条件与 if 语句中的条件描述方式类似，即用关系表达式或逻辑表达式描述循环条件，while 后面的代码块也称为循环体。注意，条件后面必须加冒号。

while 语句的执行过程：先计算条件的值，如果为 True，则执行循环体，然后再计算条件的值，如果还为 True，再执行循环体……直到条件的值为 False，整个 while 语句结束。

视　频

while 循环语句

在【例 5.5】的实现代码（方式一）中，循环条件为：key!='admin2020'，循环体为：key=input("密码错误，请重新输入！ ")。先计算条件，如果值为 True，则执行循环体，再读入一个字符串赋给 key，再去计算条件，直到输入的数据与'admin2020'相等，while 循环结束。

2. 循环条件

一个循环结构的循环次数必须是有限的，不能是无限次的死循环。在条件循环结构中，通常使用循环条件控制循环是否结束。例如，在【例 5.5】的实现代码（方式一）中，循环条件为：key!='admin2020'，当 key 的值和“admin2020”不相等时，循环条件值为 True，执行循环体，当 key 的值和“admin2020”相等时，循环条件值为 False，整个 while 循环结束。

在【例 5.5】的实现代码（方式二）中，循环条件为 1，当条件表达式的值为非零数值时，等价于条件值为 True 即 while(1)等价于 while(True)，循环条件永远为真，无法通过循环条件结束循环。此时需要借助于 break 语句强制结束循环。

5.3.2 for语句

【例 5.6】假设登录一个系统需要输入密码，但只有 5 次机会。如果第 1 次输入不正确，显示“密码错误！还剩 4 次机会！”和“请重新输入：”，如果第 2 次还不对，显示“密码错误！还剩 3 次机会！”和“请重新输入：”。如果密码正确，显示“欢迎使用本系统！”，结束程序。如果 5 次输入都错误，则显示“密码错误，次数用完，请下次再试！”结束程序（假设密码为 1234xyz）。

程序代码：

```
key = input("请输入密码:")
for i in range(1,6):
    if key=='1234xyz':
        print("欢迎使用本系统！")
        break;
    else:
        if i<5:
            print("密码错误！还剩%d次机会！"%(5-i))
            key = input("请重新输入:")
        else:
            print("密码错误，次数用完，请下次再试!")
```

运行情况（5 次输入全部错误）:

```
输入：123456
输出：密码错误！还剩4次机会！
请重新输入：
输入：admin
输出：密码错误！还剩3次机会！
请重新输入：
输入：admin2020
输出：密码错误！还剩2次机会！
请重新输入：
输入：wx123
输出：密码错误！还剩1次机会！
请重新输入：
输入：123abc
输出：密码错误，次数用完，请下次再试！
```

运行情况（第 2 次输入正确）:

```
输入：admin123456
输出：密码错误！还剩4次机会！
请重新输入：
输入：1234xyz
输出：欢迎使用本系统！
```

知识要点

1. range()函数

range()是 Python 的内置函数，用于生成一个整数序列，其语法格式如下：

```
range(start = 0, end, step = 1)
```

其中，start 为序列的起始值（默认值 0），end 为序列的结束值，step 为序列递增的步长（默认值 1）。注意：range()函数生成的整数序列中，不包含结束值，例如，range(5)生成的序列是 0、1、2、3、4，range(5,25,5)生成的序列是 5、10、15、20。在【例 5.6】for i in range(1,6)语句中使用了 range(1,6)，生成的序列为 1、2、3、4、5。

2. for 语句

Python 中的循环分为两类：条件循环和遍历循环。条件循环使用 while 语句，遍历循环使用

for语句，其基本使用形式如下：

```
for 变量 in 序列:
    代码块（循环体）
```

for语句可以遍历序列中的所有元素，从序列的第一个元素开始依次访问，直到访问完最后一个元素后，循环自动结束。for循环的执行过程为：先取序列第一个元素的值，执行一次循环体；再取第二个元素的值，执行一次循环体，如此进行下去，当取完序列中的所有元素，循环自动结束。

视 频

for循环语句

在【例 5.6】中，range(1,6)生成的序列为：1、2、3、4、5。for 语句中的执行过程为：i的值为1，执行一次循环体，接着i的值为2，再执行一次循环体，如此继续下去，当i的值变为5，最后执行一次循环体，整个for语句自动结束，循环的总次数为5。可以看出，for循环的次数取决于序列元素的总个数。另外，for语句也可以遍历可迭代对象（如字符串、列表、元组等）中的数据。

3. 分支嵌套结构

如果在if单分支或if...else双分支语句中的代码块中，又是一个if单分支或if...else语句，称为分支结构的嵌套，具体的嵌套形式和层次可以有多种，例如：

```
if 条件1:
    if 条件2:
        代码块1
    else:
        代码块2
```

```
if 条件1:
    代码块1
else:
    if 条件2:
        代码块2
    else:
        代码块3
```

注意： 不管哪种形式的嵌套，都需要用相同的缩进步长表达它们的从属关系。例如，在分支结构的第一种嵌套形式中，整体看是一个单分支 if 语句，代码块位置上嵌套了一个 if...else 双分支语句，嵌套的双分支相当于外层单分支if条件成立时要执行的代码块，因此整个双分支语句要往右缩进。同理，在分支结构的第二种嵌套形式中，整体是一个 if...else 双分支语句，在else后又嵌套了一个双分支语句，嵌套在else后面的双分支也要整体缩进，表示它属于else后面的代码块。

5.3.3 循环的嵌套

【例 5.7】 利用1、2、3、4、5、6这六个数字组成一个两位数，个位只能取1、2、3这三个数字，能组成多少个无重复数字的两位数？输出这些两位数，每5个数一行。

程序代码：

```
count = 0
for i in range(1,7):
    for j in range(1,4):
        if i! = j:
            print(i*10+j,end = "   ")
            count+=1
            if count%5==0:
                print("")
print("数字不重复的不同两位数总共有:%d个" %count)
```

运行情况：

```
12  13  21  23  31
32  41  42  43  51
52  53  61  62  63
数字不重复的不同两位数总共有:15个
```

知识要点

1. 嵌套循环的层次

在【例 5.7】中，变量 i 控制的 for 语句循环体又是一个 j 控制的 for 语句。把 i 控制的 for 语句称为外层循环，j 控制的 for 语句称为内层循环。外层和内层使用两个不同的变量分别控制各自的循环次数。

同样，如果循环结构的循环体中又使用了循环结构，称为循环的嵌套。while 语句和 for 语句可以自嵌套也可以互嵌套，例如：

```
for 变量1 in 序列1:
    for 变量2 in 序列2:
        循环体
```

```
while条件1:
   for 变量1 in 序列1:
       循环体
```

2. 循环嵌套的执行过程

在两层的循环嵌套中，假设外层循环的总次数是 m 次，内层循环的总次数是 n 次，内层循环是外层循环的循环体，则外层执行一次循环，内层要执行 n 次循环。内层的循环体总共执行的次数是（$m \times n$）次。在【例 5.7】中，外层循环的总次数为 6，内层循环的总次数为 3。当外层 i=1 时，内层 j 会从 1 变化到 3；外层 i=2 时，内层 j 又从 1 变化到 3，如此下去，内层的循环体执行总次数为 18 次（6×3）。

3. 穷举法

穷举法又称列举法、枚举法，是编程中常用到的一种方法。其基本思想是逐一列举问题可能的候选解，按某种顺序进行逐一检验，从中找出符合要求的解。

在【例 5.7】中，两位数的十位数字取[1,6]，个位数字取[1,3]，因此可以把十位和个位可能的数字依次列举出来，当十位和个位数字不相同时，两位数字组合起来就是问题的解。外层循环依次列举十位上可能的数字，内层循环依次列举个位上可能的数字。

使用穷举法计算主要考虑三个方面：首先确定要穷举的量有哪些，接下来确定各个穷举量的取值范围，最后确定当前给的量是否满足问题的约束条件。

穷举法可解决计算领域中的很多问题，尤其在计算机运算速度非常快的今天，它的应用领域更广阔。很多要解决的实际问题规模并不大，穷举法的运算速度是可以接受的。当然，如果问题的计算量非常大，穷举算法的运行时间会较长，此时可以根据问题的具体情况，寻找简化规律，精简穷举循环，优化穷举策略。

5.4 循环控制保留字

循环结构是为重复执行某些步骤而设置的一种结构，由循环条件和循环体两部分构成，其中，循环条件的描述与分支条件相似，循环体是重复执行的代码块。

Python 提供了两种循环控制语句：while 语句和 for 语句。

【例 5.8】 假设我们需要从一个包含数字的列表中查找第一个能整除 3 且大于 10 的数，并返回该数及其在列表中的位置。

程序代码：

```
numbers = [2, 4, 7, 11, 12, 15, 17, 18, 20]
for i, num in enumerate(numbers):
    if num <= 10:          # 如果元素小于等于10，直接跳过本次循环
        continue
    elif num % 3 == 0:     # 如果元素能被3整除，就打印出结果并且跳出循环
        print(f"找到了第一个能整除3且大于10的数 {num}，它的位置是 {i}")
        break
```

运行情况：

```
找到了第一个能整除3且大于10的数 12，它的位置是 4
```

知识要点

循环控制保留字是 Python 编程语言中用于控制循环执行流程的关键字，包括 break、continue、pass 和 else。

1. 循环控制保留字 break

break 语句用于提前结束循环，并跳出当前循环体。当某个条件满足时，我们可以使用 break 语句立即停止当前循环，跳到循环外的下一条语句执行。例如，在一个循环中查找某个特定元素时，若找到了该元素，可以使用 break 语句跳出循环，无须继续遍历整个列表。

```
numbers = [1, 2, 3, 4, 5, 3]
target = 3
for num in numbers:
    if num == target:
        print("找到了目标元素！")
        break
输出：
找到了目标元素！
```

视 频

循环控制保留字 break

2. 循环控制保留字 continue

continue 语句用于跳过当前循环块中剩余的代码，并进入下一轮循环。当某个条件满足时，我们可以使用 continue 语句跳过当前循环体中后续的代码，直接开始下一次循环。例如，在对一个列表进行迭代时，若遇到某些特殊元素需要跳过时，可以使用 continue 语句跳过当前循环体的剩余代码，直接开始下一次循环。

```
numbers = [1, 2, 3, 4, 5, 3]
target = 3
for num in numbers:
    if num == target:
        print("找到了目标元素！")
        continue
输出：
找到了目标元素！
```

视 频

循环控制保留字 continue

```
找到了目标元素!
```

3. 循环控制保留字 pass

视 频

循环控制保留字 pass

pass 语句是一个空操作，通常用作占位符。当需要在代码中保留一个语法结构但不执行任何操作时，可以使用 pass 语句。例如，在编写一个函数或类的框架时，可以使用 pass 语句作为占位符，表示需要在后续完善该函数或类的具体实现。

```
numbers = [1, 2, 3, 4, 5, 3]
target = 3
for num in numbers:
    if num == target:
        pass
输出为空
```

4. 循环控制保留字 else

else 语句在循环正常结束时执行，即在循环体的迭代项耗尽后执行，而非被 break 语句提前中断时执行。例如，在遍历一个列表并寻找特定元素时，若未发现目标元素，我们可以通过在循环后面加上 else 语句块来执行相关的错误处理或返回结果。

视 频

循环控制保留字 else

```
numbers = [1, 2, 3, 4, 5, 3]
target = 7
for num in numbers:
    if num == target:
        print("找到了目标元素！")
        break
else:
    print("未找到目标元素。")
输出:
未找到目标元素。
```

5.5 程序异常处理

Python 中的错误有语法错误、逻辑错误和运行错误三种。语法错误将导致程序无法运行；逻辑错误则会导致运行结果出错，这种错误在没有发现之前导致的错误是隐蔽的，有可能会误导程序的使用；运行错误则是程序运行过程中出现的意外事件，会影响到程序的运行甚至崩溃。所以通常所说的异常就是指运行错误，这个错误是要想办法避免的，这也是程序设计的一部分。

在程序执行过程中，Python 解释器若检测到一个错误，就会出现异常，并通过错误提示反馈给终端，并不是所有的异常都会导致程序的崩溃，若能够及时地判断到异常有可能会出现，提前做好程序设计中的异常处理环节，就能保证程序正常运行，同时也增强了程序的健壮性。

【例 5.9】从键盘读入两个整数作为除数和被除数，然后计算它们的余数。

程序代码：

```
try:
    num1 = int(input("请输入一个整数: "))
    num2 = int(input("请输入另一个整数: "))
    result = num1 / num2
    print("结果为: ", result)
except ZeroDivisionError:
```

```
    print("除数不能为零！")
except ValueError:
    print("请输入有效的整数！")
except Exception as e:
    print("发生了一个异常：", e)
finally:
    print("程序执行完毕。")
```

运行情况：

```
请输入一个整数：4
请输入另一个整数：2
结果为： 2.0
程序执行完毕。

请输入一个整数：4
请输入另一个整数：0
除数不能为零！
程序执行完毕。
```

知识要点

程序运行中的异常，一般在程序设计时都是要尽量避免的，若因为一些程序交互产生了异常风险的存在，就需要采用一些专用避免异常中断的方法。在 Python 中，常用的方法是使用 try 语句进行检测和处理，try 语句常用的语法形式有：

```
i.      try … except
ii.     try … except … else
iii.    try … except … finally
```

1. try-except 语句

使用 try-except 语句可以捕获并处理指定类型的异常。其语法格式如下：

```
try:
    # 可能抛出异常的代码块
except [异常类型1]:
    # 异常处理代码块1
except [异常类型2]:
    # 异常处理代码块2
...
else:
    # 在没有异常时执行的代码块
```

在 try 块中编写可能发生异常的代码，如果发生异常，则跳转到相应的 except 块进行处理。一个 try-except 语句中包含多个 except 块，用于处理不同类型的异常。except 块可以指定具体的异常类型来捕获特定的异常，也可以使用通用的 Exception 来捕获所有类型的异常。加了 else 语句后，若 try 语句无异常，则会执行 else 语句后的内容，有异常则会执行 except 异常处理语句块。

Python 系统中可能产生的常见异常见表 5-1。

表 5-1　Python 常见异常及含义

异常名	异常含义
Exception	常规异常基类，可以捕获任意异常
NameError	未声明或未初始化的变量被引用
SyntaxError	语法错误
ZeroDivisionError	除数为 0
IndexError	索引超出范围
FileNotFoundError	要打开的文件不存在
AttributeError	对象的属性不存在

2. try-finally 语句

try-finally 语句可以用于无论是否发生异常都需要执行的代码。其语法格式如下：

```
try:
    # 可能抛出异常的代码块
finally:
    # 无论是否有异常都会执行的清理代码块
```

finally 块中的代码总是会被执行，即使在 try 块或 except 块中遇到了 return 语句或其他跳出语句。

5.6　应用实例

问题描述

设计一个练习整数运算（加、减、乘、除）的小工具，其中除运算使用整除运算符“//”，即只保留商的整数部分。每次训练中，程序会随机出 10 道算术题，如果答对，显示“你真厉害！”；如果答错，显示“很遗憾！答错了！”，并显示正确答案，最后给出答对和答错的总次数。使用该工具需要输入密码，密码正确，则开始训练，如果密码错误三次，程序结束。

基本思路

整个程序可以分为两部分：密码验证和随机出 10 道算术题。密码验证部分，如果三次内输入了正确密码，则开始随机出题。

随机出题：即每道算术题中，四种运算符其中一个会随机出现，运算符两侧的运算数也是随机数。

1. 运算符的随机

设置一个列表 signs=["+","-","*","//"]，使用 random.choice(signs)随机抽取一个运算符，根据当前抽取的符号，给出相应的表达式。

2. 运算数的随机

使用 random.randint(0,100)产生一个指定范围内的随机整数。

程序代码

```
import sys
import random
```

```
for i in range(3):
    psd = input("请输入密码:")
    if psd.strip(" ")=="123":
        break
    else:
        if(i==2):
            print("密码错误三次，程序停止运行!")
            sys.exit(1)
        else:
            print("密码错误，请重新输入: ")
signs = ['+','-','*','//']
right = 0
error = 0
for i in range(10):
    op1 = random.randint(0,100)
    op2 = random.randint(0,100)
    sign = random.choice(signs)
    if sign=='-':
        print(str(op1)+sign+str(op2)+"=",end = ' ')
        answer = int(input())
        if answer==op1-op2:
            print("你真厉害! ")
            right+=1
        else:
            print("很遗憾!答错了!")
            print("正确答案是",op1-op2)
            error+=1
    elif sign=='+':
        print(str(op1)+sign+str(op2)+"=",end = ' ')
        answer = int(input())
        if answer==op1+op2:
            print("你真厉害! ")
            right+=1
        else:
            print("很遗憾!答错了!")
            print("正确答案是",op1+op2)
            error+=1
    elif sign=='*':
        print(str(op1)+sign+str(op2)+"=",end = ' ')
        answer = int(input())
        if answer==op1*op2:
            print("你真厉害! ")
            right+=1
        else:
            print("很遗憾!答错了!")
            print("正确答案是",op1*op2)
            error+=1
    if sign=='//':
        print(str(op1)+sign+str(op2)+"=",end = ' ')
        answer = int(input())
        if answer==op1//op2:
            print("你真厉害! ")
            right+=1
        else:
```

```
            print("很遗憾!答错了!")
            print("正确答案是",op1//op2)
            error+=1
print("答对总次数: ",right,"答错总次数: ",error)
```

习　题

一、判断题

（1）在 Python 中，if 语句用于执行条件判断，根据判断结果决定是否执行特定的代码块。（　）

（2）break 语句可以终止当前所在的循环结构并跳出循环。（　）

（3）for 循环用于遍历可迭代对象，如列表、元组、字符串等。（　）

（4）continue 语句用于跳过本次循环中剩余的代码，直接进入下一次循环。（　）

（5）Python 中的嵌套循环是指在一个循环内部再嵌套另一个循环。（　）

（6）try-except 语句用于捕获和处理 Python 程序中的异常。（　）

（7）以下代码段中没有语法错误。（　）

```
num1 = 10
num2 = 5
if num1 > num2
    print("num1大于num2")
else:
    print("num1小于等于num2")
```

（8）下列代码中，循环将执行 4 次。（　）

```
count = 0
while count < 5:
    count += 2
```

二、编程题

（1）编写程序，从 0～9 十个数字中随机抽取四个数字，组成一个随机数密码。

（2）编写程序，用冒泡排序算法对列表内的数字元素进行排序，排序完成后分别打印输出排序前后的列表内容。

（3）编写程序，计算长方形、圆和梯形的面积。程序运行时，显示如下功能列表：

```
a. 计算长方形的面积
b. 计算圆的面积
c. 计算梯形面积
```

例如，输入 a，计算长方形的面积；输入 b，计算圆的面积；输入 c，计算梯形面积；输入其他值则报错。计算面积前，根据需要输入图形的尺寸。比如计算长方形面积，需要输入长和宽的值；计算圆的面积，需要输入半径的值。

（4）编写程序，输出 100～2 000 之间最大的 10 个素数。

（5）编写程序实现韩信点兵。如果从 1 到 5 报数，最末一个士兵报数为 1，从 1 到 6 报数，最末一个士兵报数为 5，从 1 到 7 报数，最末一个士兵报数为 4，从 1 到 11 报数，最末一个士兵报数为 10，请帮韩信计算他至少有多少兵。

第6章 函　　数

为了更好地解决程序设计面临的复杂性和重用性的问题，引入函数的概念。函数就是将具有特定功能的代码段封装起来作为整体以方便调用，从而使得程序的结构清晰合理，同时也提高了代码的使用效率。本章将简要介绍函数的定义和调用方法、变量的作用域，理解函数的作用，建立模块化程序设计的思想。

学习目标

通过本章的学习，应该掌握以下内容：

（1）Python 语言函数的定义。

（2）函数的调用方法。

（3）局部变量和全局变量。

（4）模块化编程思想。

6.1　函数的定义和调用

在学习函数前，有必要弄清楚为什么要使用函数。使用函数主要有两个目的：一是分解问题，降低编程难度；二是代码的重复利用。在现实应用中，随着解决问题复杂度的提高，如果仅用一段代码来编程实现，将会带来很大的实现难度，这个时候如果能够将问题分解成多个独立的问题，则会减少编程难度，同时也可以多个工程师同时工作，提高了工作效率。另外，在问题解决的过程中，会遇到同样的功能模块被用到多次，这个时候把具备此功能的功能模块代码封装后做成一个功能函数，使用时直接调用即可，实现了代码重用和共享，同时也提高了编程的效率。

视　频

函数的定义与调用

在计算机编程中，将具备某一特定功能的代码通过某种格式组织在一起，并指定一个名称（函数名），在使用这个功能时只需调用函数名即可，这就是计算机编程中的函数概念。给代码段指定的名字就是函数名。

Python 语言的函数由系统内置函数、Python 标准库函数和用户自定义函数组成。系统内置函数在编程时可以直接调用，标准库函数需要在使用前导入，这两类函数都是由前辈工程师编写完善的函数，方便编程实现；同时库函数也经过编程的检验和修改，其运行效率也会很高，但是需要按照特定的方法进行引用，具备一定的局限。用户自定义函数则是编程人员根据解决具体问题需要自行编写的函数，在编写这些函数时可以使用前面两种库函数，也可以自行实现所有代码，自定义函数具备极大的灵活性，是编程中最常使用的一种方法。本章就针对自定义函数进行讲述，在了解了自定义函数后，就可以很容易地使用标准库函数了。

【例 6.1】编写一个函数，实现机器人自动问候的功能。

```
def hello():
    print("Hello!")
    print("I am Robot A. ")
    print("Nice to meet you!")
```

上面的代码就实现了一个函数，函数名是 hello，能够实现机器人 Robot A 问候语。在使用时，只需调用 hello 即可，运行代码如下，斜体代表运行结果。

```
>>>hello()
Hello!
I am Robot A.
Nice to meet you!
```

上面函数的功能就是输出一组问候语，当然也可以是你想输出的任何内容，还可以是运算和其他操作，这就简单地阐述了函数是如何工作的。但是上面的例子里没有跟函数交互的信息，也就是我们说的参数，大家可以继续看下面的例子。

【例 6.2】编写一个函数，实现机器人自动问候的功能，并能够指出问候的对象。

```
def helloW(name):
    print("Hello!{}!".format(name))
    print("I am Robot A. ")
    print("Nice to meet you!")
```

调用函数运行代码如下，斜体代表运行结果。

```
>>> helloW("Jerry")
Hello!Jerry!
I am Robot A.
Nice to meet you!
```

本例与上例的不同之处就是在调用函数时传递了信息，也就是告诉函数要和谁打招呼，这个时候函数收到内容，可以在问候语中加入问候对象的名字，让问候变得更加明确和亲切。那么传递的这个信息就是函数的参数。

知识要点

1. 函数的定义格式

Python 函数的定义有固定的格式和语法要求，使用 def 保留字定义一个函数，具体形式如下：

```
def <函数名>(<参数列表>):
    <函数体>
    return <返回值列表>
```

上面的格式就是定义函数的语法形式，函数名是函数定义后的引用标识，函数名可以是任何符合 Python 语法要求的有效标识符；参数列表就是上例中所说的调用函数时的传递信息，参数可以是一个，也可以是多个，多个参数时用逗号分隔，还可以不要参数，如第一个例子中那样，没有参数时仅仅执行函数体内的代码，需要注意的是，没有参数时括号依然要保留。函数体就是函数的内容，也就是调用函数时需要运行的语句。return 语句是表示调用函数的返回值，

return 是保留字，如果函数体执行后有需要返回的值，则通过 return 语句返回，可以返回一个值也可以返回多个值，没有返回值时可以省去 return 语句。

2. 函数的调用

函数调用和执行的一般形式如下：

```
<函数名>(<参数列表>)
```

3. 形参与实参

在函数定义时，参数列表里面的参数是形式参数，简称“形参”；在函数调用时，参数列表中给出要传入函数内部的参数，这类参数称为实际参数，简称“实参”。“形参”和“实参”其实就是同一内容在不同场合的两种叫法，在使用中，二者要保持类型和属性的一致才能保障函数的定义和调用不出现错误。

6.2　函数的参数传递

【例 6.3】编写一个函数进行数学运算，要求有三个形参且形参中有默认值。

```
def jisuan(x, y, z = 8):
    print(x*y)
    print(x+y+z)
    print(6*'*')
```

调用这个函数，并给形参赋值，运行代码如下，斜体代表运行结果。

```
>>>jisuan(2,3)
6
13
******
>>>jisuan(1,2,3)
2
6
******
```

定义的这个函数中，出现三个形式参数，前两个没有在定义中指定值，最后一个参数则设定了值，这个值就是默认值，表示在调用这个函数时如果不指定最后一个参数则最后一个参数使用默认值。因此在两次调用函数时，虽然实参的指定数量不同，但不影响函数正常运行。

【例 6.4】编写一个带默认值的函数，在函数中运算后将结果用 return 语句返回。

```
def jisuan(x, y, z = 8):
    return(x+y+z)
>>>s = jisuan(x = 1,y = 2,z = 3)
>>>print(s)
6
# 运行结果
```

在本例中，出现了 return 语句，return 是 Python 的关键字，它是向调用它的主程序函数传递一个或者多个值。另外，本例在调用函数时，使用参数名加赋值的形式进行参数设定，这样参数设定会更直观，避免顺序错误的出现。

1. 可选参数传递

如【例 6.3】中所述那样，在定义函数时，形式参数可以设定默认值，这个默认值在函数调用时如果没有对应的实参传递，则在函数体内使用参数的默认值。定义可选参数函数的语法形式如下：

视 频

函数的参数传递

```
def <函数名>(<非可选参数列表>, <可选参数> = <默认值> ):
    <函数体>
    return <返回值列表>
```

非可选参数和可选参数在函数定义时要区分开，非可选参数在参数列表的前部，可选参数在所有非可选参数的后面，不能出现两种参数混合排列的情形，也不能将可选参数放在非可选参数的前面。

2. 参数名称传递

在调用函数时，参数传递可以是按照位置传递，如【例 6.3】所示；也可以使用参数名称传递，如【例 6.4】所示。当使用位置传递参数时，参数的位置是不能随意变动的，也就是说函数定义时的位置就是函数调用时参数的位置，必须一致；若使用函数的参数名称方式进行参数传递，则对位置顺序没有要求。参数名称传递的语法形式如下：

```
<函数名>(<参数名> = <实际赋值>)
```

3. 函数的返回值

函数可以实现一些特定操作，这些操作在函数体执行过程中就已经完成了任务。当然，函数也会有特定的计算功能，通过参数的传递和函数体语句的执行，将相应的计算结果计算出来，若要将这个结果返回给调用这个函数的主程序时，则会用到 return 语句，return 语句负责将运算值返回给上层程序，也可以使用函数的返回值对其他变量进行赋值，如【例 6.4】中所示，将运算结果返回并赋值给了变量 s。

需要注意的是，若仅有返回值的操作，则调用函数后不会打印输出任何内容，除非是将返回值赋值给其他变量或者将其用于打印输出操作才能在调用时打印输出。

另外，函数调用的返回值可以是一个，也可以是多个，如果是多个返回值，这些值组成一个元组数据类型，在实际操作时，多个返回值可以赋值给多个变量进行保存。

6.3 变量的作用域

【例 6.5】 分析下面程序中同名变量的不同作用。

```
number = 0
def add(num1, num2):
    number = num1 + num2
    print("函数内变量number: ", number)
    return number
add(1,2)
print("函数外变量number: ", number)
```

程序运行结果是：

```
函数内变量number:  3
函数外变量number:  0
```

本例中作为变量的 number，出现在了函数内部和外部，虽然是同名变量，却有着不同的意义，主要原因就是其代表了不同的变量作用域。函数 add()中的 number 变量仅在函数内部有效，而在调用函数后，函数体执行完毕返回到主程序中，number 变量则代表了另外一个变量，这个变量可以理解为全局变量，而函数内的 number 变量称为局部变量。所以同名的 number 却有不同的值。

【例 6.6】编写程序，使得函数内部可以操作全局变量。

```
number = 0
def add(num1, num2):
    global number
    number = num1 + num2
    print("函数内变量number: ", number)
    return number
add(1,2)
print("函数外变量number: ", number)
```

程序运行结果是：

```
函数内变量number:  3
函数外变量number:  3
```

本例和【例 6.5】唯一不同的地方就是多了一条 global 语句，global 是 Python 中的保留字，用于声明变量为全局变量。在函数内部声明变量 number 为全局变量，则函数内的 number 与函数外的 number 为同一变量，函数内操作该变量时影响到函数外的变量值，因此程序最终运行结果是一致的。需要注意的是，使用 global 对全局变量声明时，声明的变量要与外部变量同名。

知识要点

视 频

变量的作用域

1. 局部变量

局部变量指在函数内部定义的变量，该变量仅在函数内部有效，当退出该函数时变量将不再存在。局部变量只能在其被声明的函数内部访问，若超出了函数，则无法访问到，在程序运行时会提示出错信息。

2. 全局变量

全局变量指在函数之外定义的变量，在程序执行全过程有效。全局变量在函数内部使用时需要提前使用保留字 global 声明，语法形式是：

```
global < 全局变量 >
```

6.4　函数模块化编程

【例 6.7】将第 4 章中【例 4.8】进行改写，将每一种类型的操作改写成一个可被调用的函数。

```
# 具体功能都用函数来实现
def add_student():
    new_score = input("按照学号、姓名和成绩的顺序输入一条学生信息(用逗号分开):
\n").strip(" ")
    new_score = new_score.strip(" ").split(",")
```

```
        new_score[0] = int(new_score[0])
        new_score[2] = int(new_score[2])
        return score.append(new_score)
    def del_student():
        num = int(input("输入删除的学号:").strip(" "))
        count = len(score)
        for item in score:
            count = count-1
            if item[0]==num:
                score.remove(item)
                print("删除成功")
                break
            if(count==0):
                print("没有这条数据")
    def average():
        sum = 0
        for item in score:
            sum = sum+item[2]
        if sum == 0:
            print("学生数据为空")
        else:
            average = sum/len(score)
            print(average)
    def top3(line):
        line=sorted(line,key=(lambda item:item[2]),reverse=True)
        print(line[0:3])
    score = [[1901,'张三',80],[1902,'李四',76],[1903,'王五',90],[1904,'赵六',
68],[1905,'孙七',86]]
    for item in score:
        print(item)
    print("******><><******")
    while(1):
        print("1.增加一条学生成绩")
        print("2.按照学号删除成绩")
        print("3.全部学生成绩平均值")
        print("4.输出成绩的前三名")
        print("0.Exit")
        try:
            choice = int(input("输入你的选择:").strip(" "))
            if choice==0:
                break
            elif choice==1:
                add_student()
            elif choice==2:
                del_student()
            elif choice==3:
                average()
            elif choice==4:
                top3(score)
            else:
```

```
        print("！！！输入编号错误！！！")
    except:
        print("！！！请输入数字！！！")
```

知识要点

函数的定义和调用

从本例中，可以非常直观地看到程序的运行逻辑，在 while 循环中，每一个分支对应一个操作类型，而操作的具体过程在函数定义的代码中实现，这样的主程序就能够逻辑清晰，避免繁杂造成的读和调试的不便。根据程序的要求，增加一条信息、删除一条信息、求平均分数、排序取前三名分别由四个函数 add_student()、del_student()、average()、top3()来实现，这些函数定义在程序的开头部分，后边的程序可以直接调用。另外，可以看到，函数中有带参数的函数，有不带参数的函数，根据处理数据的需要来决定定义哪种类型的函数。

6.5　应用实例

视　频

函数应用实例

问题描述

将 4.6 节应用实例中的添加信息、删除信息、查找信息、统计人数和显示信息五个功能分别用五个自定义函数实现。

基本思路

定义一个存放所有人信息的空列表，添加信息函数用于给它添加数据，删除信息函数用于从该列表中删除数据，查找、统计和显示只使用该列表中的数据。五个自定义函数都需要使用列表中的数据，设为五个函数的形参。为了得到更新后的数据，需要将添加和删除函数处理后的结果返回赋给该列表。

程序代码

```
import sys
flag = 1
data_end = []
def insert( data ):
    person = []
    info = input("请输入姓名，电话，工作地点(中文逗号分隔)")
    person = info.strip(" ").split("，")
    data.append(person)
    return data

def delete( data ):
    flag = 0
    if(len(data)==0):
        print("通讯录为空!")
    else:
        name = input("请输入要删除的姓名:").strip(" ")
        for line in data:
            if(line[0]==name):
```

```
                flag = 1
                data.remove(line)
                break
        if(flag==0):
            print("没找{}的信息!".format(name))
    return data

def search( data ):
    flag = 0
    if(len(data)==0):
        print("通讯录为空!")
    else:
        name = input("请输入要查找的姓名:").strip(" ")
        for line in data:
            if(line[0]==name):
                flag = 1
                print("查询结果为: ")
                print(line[0],line[1],line[2])
                break
        if(flag==0):
            print("没找{}的信息!".format(name))
def count( data ):
    if(len(data)>0):
        p_dict = {}
        for line in data:
            p_dict[line[2]] = p_dict.get(line[2],0)+1
        print("统计结果为:")
        for key,value in p_dict.items():
            print(key,value,"人")
    else:
        print("通讯录为空!")

def show( data ):
    if(len(data)>0):
        for line in data:
            for item in line:
                print(item,end = ' ')
            print("\n")
    else:
        print("通讯录为空!")

while( 1 ):
    print("********************")
    print("  1. 添加信息")
    print("  2. 删除信息")
    print("  3. 查找信息")
    print("  4. 统计各省的人数")
    print("  5. 显示信息")
    print("  0. 退出")
    print("********************")
    ch = int(input("请输入功能编号:"))
```

```
    if( ch==1 ):
        data_end=insert( data_end )
    elif( ch==2 ):
        data_end=delete( data_end )
    elif( ch==3 ):
        search( data_end )
    elif(ch==4):
        count( data_end )
    elif(ch==5):
        show( data_end )
    elif(ch==0):
        sys.exit(0)
    else:
        print("功能编号错误!")
```

习　　题

一、程序阅读题

（1）下列代码中，函数 repeat_str()的返回值是什么？

```
def repeat_str(s, n):
    res = ""
    for i in range(n):
        res += s
    return res
print(repeat_str("hello", 3))
```

（2）下列代码中，函数 sum()的返回值是多少？

```
def sum(a, b, c = 0, d = 0):
    return a + b + c + d
print(sum(2, 4))
```

（3）下列代码中，循环将执行几次？

```
def get_count():
    count = 0
    while True:
        count += 1
        if count > 5:
            break
    return count
get_count()
```

二、编程题

（1）编写函数，接受一个字符串作为参数，如果该字符串是一个回文串则返回 True，否则返回 False。回文串是正反都能读通的字符串。

（2）编写函数，接受一个字符串作为参数，返回该字符串中每个单词出现的次数（单词以空格分隔）。返回值应该是一个字典，键是单词，值是出现次数。

（3）编写函数，接受一个非负整数 n 作为参数，返回斐波那契数列的第 n 项。斐波那契数列的前两项为 0 和 1，从第三项开始，每一项都等于前两项之和。

（4）编写函数，接受一个非负整数 n 作为参数，计算阶乘。

第7章 文　件

在计算机编程中，当程序用于实际的工作生产中时，通常需要将程序运行期间的数据和其他信息记录下来并输出这可以通过文件操作来实现。文件在Python中是一个对象类型，它既可以是计算机存储系统上具体的文件，也可以代表抽象概念的类文件。Python中的文件有文本文件和二进制文件两种存储格式，文件的基本操作就是读写操作。

视 频

文　件

学习目标

通过本章的学习，应该掌握以下内容:

（1）文件的打开与关闭操作。

（2）文件的读写方法。

（3）操作CSV文件。

（4）操作文本文件。

7.1 文件的打开和关闭操作

Python中，对存储在存储介质上的文件进行操作时，首先要通过特定的函数对文件进行打开操作，打开后文件作为一个数据对象存在，可以对文件进行读、写等操作，当文件操作结束后，需要采用关闭文件的方法，防止文件一直被当前程序占用而无法被其他程序使用。当文件关闭后，文件处于存储状态。文本文件和二进制文件都是这样的操作流程。本节介绍文件基本操作中的打开、关闭、读和写的操作，理解如何在Python中使用文件。

【例7.1】打开一个当前目录下的文件，进行简单的操作后，关闭这个文件。

```
>>> paper = open('first','x')
>>> paper.write("Welcome to Python File World!")
29
>>> paper.close()
>>> paper2 = open('first','r')
>>> hello = paper2.readline()
>>> print(hello)
Welcome to Python File World!
>>> paper2.close()
```

知识要点

（1）本例中创建了一个文件名为 first 的文件，涉及文件操作的打开、关闭、写和读的操作，但重点是在强调文件打开和关闭的使用逻辑，关于读写操作在下节会讲述。

文件的打开和关闭

（2）本例中有两个变量，分别是 paper 和 paper2，都是文件 first 打开后的对象，为了区别创建文件和调用文件而将变量做了命名区别。程序实现了创建一个文件 first，以只写方式操作，写入一行语句后关闭文件，再次调用打开文件，读取一行内容后，关闭文件。

（3）在文件操作时，如果要打开文件，就需要用到 open()函数建立文件对象，进行文件操作时，打开文件建立对象是文件操作的第一步，open()函数格式如下：

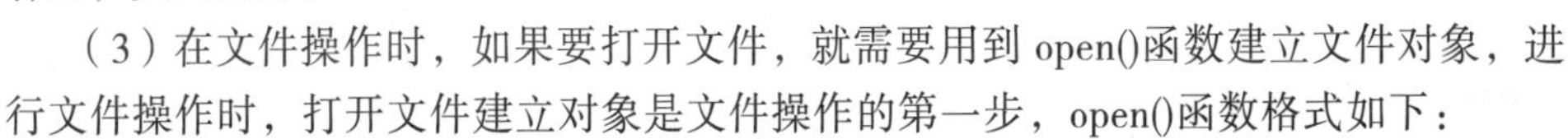

```
<变量名> = open (<文件名>, <打开模式>)
```

变量名是文件打开后进行文件操作的对象名称，文件名则是文件实际名字或者是含有存储路径的文件完整名，打开模式则是为如何操作文件而设定的操作类型，具体打开模式参数见表 7-1。

表 7-1　open()函数打开模式

打 开 模 式	功 能 含 义
'r'	只读模式（默认）
'w'	只写模式，如果文件存在则覆盖原文件，不存在则新建
'x'	创建新文件，且以只写方式打开
'a'	追加写方式打开文件，文件不存在则新建，存在则在文件最后追加写入
'b'	二进制文件模式
't'	文本模式（默认）
'+'	用于模式叠加操作，在原有模式上同时增加读写模式

（4）文件打开操作完毕退出时，需要进行关闭文件的操作，关闭文件需要使用 close()方法，close()函数的格式如下：

```
<变量名>.close()
```

7.2　文件的读写操作

文件的基本操作就是读和写，在打开文件后，就是执行读和写操作，从而完成文件的修改。文件又分为文本文件和二进制文件两种，文本文件的读写是按照字符串方式进行，二进制文件的读写则是按照字节流方式进行。

【例 7.2】新建一个文件，并向文件内写入几行数据，写完后重新定位读写指针位置到文件的开头，打印输出全部文件的内容。

```
>>> paper = open('first','w')
>>> print(paper.read())

>>> paper.write('Welcome to Python File World!\r\n')
31
>>> paper.write('Python is very powerful!\r\n')
26
>>> paper.write('Python is also interesting!\r\n')
```

```
29
>>> print(paper.read())

>>> paper.seek(0)
0
>>> print(paper.read())
Welcome to Python File World!
Python is very powerful!
Python is also interesting!

>>> paper.close()
```

知识要点

（1）Python 文件必须在合理的模式下打开后再进行读写操作系统，读写操作完成后需要关闭文件。

（2）【例 7.2】中使用 open()函数打开 first 文件时，使用的打开模式参数是“w”，即使用只写模式打开，若文件存在则覆盖原文件，文件不存在时新建文件。因此在打开文件后，使用打印输出 paper.read()的返回值为空，在命令行模式下返回一个空行。随后使用 paper.write()指令写入文件内容，返回的是写入文件行的字符个数数值，若返回数字也代表写入成功。当写入全部数据后，如果接着使用 paper.read()指令，返回数据仍为空，原因是读写指针指向了文件的末尾，重新使用 seek()定位指针到文件的开头，则可以使用读指令读到全部的文件内容。

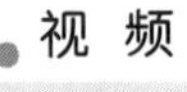

视 频

文件的读写

（3）在 Python 语言中，读写的方法见表 7-2。

表 7-2　文件的读写方法

方法函数	功能含义
read()	返回字符串或者字节串，可设定参数指定返回数量，不指定或者负数时返回全部内容
readline()	读取一行数据，指定参数时返回参数指定字节数的字符
readlines()	以行为单位读取多行数据，指定参数时表示返回的行数
write()	将指定的数据写入文件，参数就是要写入的数据，返回写入的字节数大小
writelines()	写入一个字符串的列表到文件中，不返回结果
seek()	设定读写指针的指向位置（0 表示开头，1 指当前位置，2 指文件末尾）
tell()	返回读写指针的指向位置

7.3　文本文件操作

文本文件是计算机系统中最常用的文件，用于保存系统运行过程中的各种数据和信息，在 Python 编程设计中，对文本文件的操作也是常用的，包括读取、查找、修改文件内容等操作。先通过一个文件操作的例子来了解一下文本文件的具体编程操作。

视 频

文本文件操作

【例 7.3】读取一个记录了用户信息（账号和密码）的文本文件，用户信息包括账号名和密码两部分，文本中每行记录一条用户信息，账号和密码之间用空格分开。查找文件中是否存在一个账号名为 hello 的账号，如果存在，将账号对应的密码修改为 123456；若不存在，则在文件尾部追加一个 hello 账户信息，并设定密码为 123456。

程序代码如下：

```
print("文本内原始信息：")
with open('Users.txt', 'r',encoding='utf-8') as f:
    userList = []
    for line in f.readlines():
        print(line.strip('\n'))
        user=line.strip('\n').split(' ')
        userList.append(user)
flag = 0
for item in userList:
    if item[0]=="hello":
        item[1] = "123456"
        flag = 1
if flag==0:
    newUser = ["hello","123456"]
    userList.append(newUser)
print("修改后文本信息：")
with open('Users.txt', 'w',encoding = 'utf-8') as f_w:
    for item in userList:
        f_w.write(item[0]+" "+item[1]+'\n')
        print(item[0]+" "+item[1])
if flag==1:
    print("hello用户存在，密码已修改")
else:
    print("hello用户不存在，已创建此用户")
```

代码运行结果：

```
文本内原始信息：
admin 666
test 8866
user 123456
修改后文本信息：
admin 666
test 8866
user 123456
hello 123456
hello用户不存在，已创建此用户
```

7.4　CSV格式文件的读写

CSV（Comma-Separated Values）含义是逗号分隔值，是一种以纯文本形式存储表格数据的文件。CSV 文件的扩展名是.csv，文件是由任意数目的字符序列构成的。一般要求每一行数据用逗号分隔符隔开，一行数据不跨行；多行数据之间的数据段是相同的，无空行存在，多行数据构成了实际意义上的二维数据列表。如果需要列名数据，可以放在文件的第一行。

CSV 是文本文档，文本操作的方法也同样适用于 CSV 格式的文件。CSV 格式的文件本质上可以看成是由行和列构成的二维数据列表，可以使用列表嵌套的方法进行数据处理操作。

【例 7.4】有一个存放学生信息的文件 student.csv，存有五名学生的学号、姓名、成绩信息，读取并显示文件内容，计算学生成绩的平均值，根据学生的成绩进行排序，并将排序后的结果写入新文件 student123.csv 中。

```
学号,姓名,成绩
1901,张三,80
1902,李四,76
1903,王五,90
1904,赵六,68
1905,孙七,86
```

【分析】上面所示为文件的内容，要读取文件内容，需要先进行打开文件操作，遍历并读取文件的每一行数据，其数据格式为：'1901,张三,80\n'，使用 strip()去掉行末的换行符'\n'，使用 split()函数根据逗号分隔元素产生一个列表，格式为['1901','张三','80']。再把一维列表添加到一个列表变量中作为列表 student_xy 中的一个元素。对整个文件内的多行数据进行操作，则能生成多个一维列表，将得到的一维列表追加到 student_xy 中，这些操作就把对 CSV 文件的操作转化成了对二维列表的操作，列表中的每一个元素是由学生信息构成的一维列表。将处理好的数据写入文件时，则需要注意，文件在打开操作时需要有写的权限，另外还需要把逗号和换行符一起写入 CSV 文件中去。具体的代码实现如下：

```
#【例7.4】CSV文件的操作示例
student_xy = []
print("原文件内容是：")
with open('student.csv','r',encoding='gb18030') as data:
    for line in data:
        print(line.strip())
        line = line.strip()
        student_xy.append(line.split(','))
print("转换成列表后是：")
print(student_xy)
print("课程的平均成绩是：")
score = student_xy[1:]
sum = 0
for item in score:
    sum = sum + int(item[2])
average = sum/len(score)
print(average)
print("按照成绩排名是：")
score=sorted(score,key=(lambda item:int(item[2])),reverse=True)
print(score)
#将排序后的数据写入文件中
with open('student123.csv','w',encoding='utf-8') as data:
    data.write(','.join(student_xy[0])+'\n')
    for s in score:
        data.write(','.join(s)+'\n')
print("排序后的新文件内容是：")
with open('student123.csv','r',encoding='utf-8') as data:
    for line in data:
        print(line.strip())
#【例7.4】程序运行结果（斜体）
```

```
原文件内容是:
学号,姓名,成绩
1901,张三,80
1902,李四,76
1903,王五,90
1904,赵六,68
1905,孙七,86
转换成列表后是:
[['学号', '姓名', '成绩'], ['1901', '张三', '80'], ['1902', '李四', '76'],
['1903', '王五', '90'], ['1904', '赵六', '68'], ['1905', '孙七', '86']]
课程的平均成绩是:
80.0
按照成绩排名是:
[['1903', '王五', '90'], ['1905', '孙七', '86'], ['1901', '张三', '80'], ['1902',
'李四', '76'], ['1904', '赵六', '68']]
排序后的新文件内容是:
学号,姓名,成绩
1903,王五,90
1905,孙七,86
1901,张三,80
1902,李四,76
1904,赵六,68
```

知识要点

1. CSV 文件如何创建

CSV 文件可以用 Windows 平台的记事本或者 Office Excel 打开，也可以用其他操作系统平台上的文本编辑软件打开。因此，也可以使用这些文本编辑软件来创建扩展名为.csv 的文本文件，也可以使用 Excel 的“另存为”命令把表格转换为 CSV 文件。在 Python 程序设计时，可以直接把相关数据按照 CSV 文件的格式进行存储。

2. CSV 文件打开操作时的编码类型

在【例 7.4】的代码中，不难发现，在打开 student.csv 文件操作时，使用的编码方式是“gb18030”；而后面涉及相关操作时使用的是“uft-8”，之所以不同，是因为 student.csv 文件是在操作系统下的文本编辑软件生成的，默认了与之相关的编码方式；而后边的文件写入操作时指定了编码方式，因此打开时要选择一致的方式。若文件选择了不同的编码方式，程序运行时就会出现错误而中断运行。

3. 文件的路径

【例 7.4】中的程序文件和数据文件在同一目录下，因此在程序中只需要引用文件名即可；若数据文件不在同一文件夹里，则需要按照实际路径指定 open()函数的参数，示例如下：

```
open('./test/student.csv','r',encoding = 'gb18030')
open('/Users/DRW/Code/test/student.csv','r',encoding = 'gb18030')
```

函数中参数指定文件时分别使用了相对路径和绝对路径两种方式。

4. with 语句

【例 7.4】中在打开文件操作时使用了 with 语句，因为使用了 with 语句，则省去了关闭文件的 f.close()操作，带来了便利，同时也避免了因忘记关闭文件操作带来的其他问题。with 语句在这里有一个专用的称谓，就是上下文管理语句。

with 语句的语法格式是：

```
with <上下文管理表达式> [, <变量>] :
    <语句块>
```

文件操作使用 with 上下文管理语句后，不用再使用 f.close()显式关闭文件，一旦代码离开 with 语句的隶属范围，文件 f 的关闭操作会自动执行。即使上下文管理器范围内的代码因错误异常退出，文件 f 的关闭操作也会正常执行。

5. 文件目录

文件存储离不开磁盘的目录，Python 系统的 os 模块提供了许多关于文件和目录的操作方法，仅在使用前将 os 模块导入即可，常用方法见表 7-3。

表 7-3　文件目录方法

方 法 函 数	功 能 含 义
remove()	删除文件，参数为文件名或带路径的文件名
rename()	文件重命名，参数为新文件名和旧文件名
mkdir()	在当前目录下创建新目录，参数为目录名
chdir()	切换其他目录为当前目录
getcwd()	返回当前的工作目录
rmdir()	删除目录，参数为目录名
listdir()	返回当前目录下的子目录和文件名

7.5　应用实例

问题描述

现有两个文件：一个是保存星座及其时间信息的文本文件，另一个是保存若干人姓名及其生日的“生日.csv”文件，现在要求将“生日.csv”文件中所有人的姓名、生日和星座写入文件“生日星座.csv”中，同时将各个星座的人数统计出来，保存到文件“星座统计.txt”中。四个文件的内容格式如图 7-1 所示。

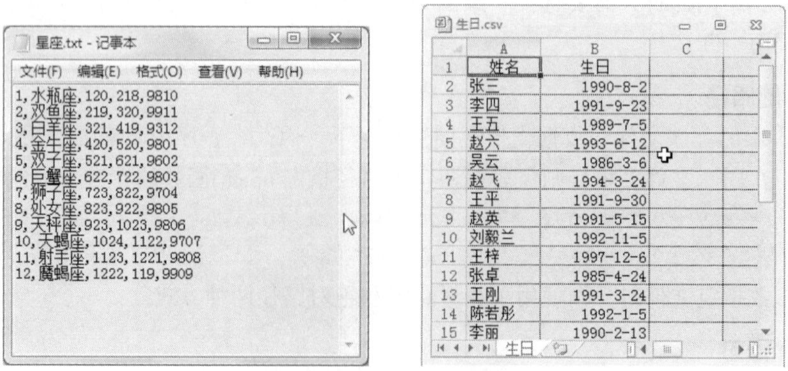

星座.txt - 记事本

文件(F)　编辑(E)　格式(O)　查看(V)　帮助(H)

```
1,水瓶座,120,218,9810
2,双鱼座,219,320,9911
3,白羊座,321,419,9312
4,金牛座,420,520,9801
5,双子座,521,621,9602
6,巨蟹座,622,722,9803
7,狮子座,723,822,9704
8,处女座,823,922,9805
9,天秤座,923,1023,9806
10,天蝎座,1024,1122,9707
11,射手座,1123,1221,9808
12,魔蝎座,1222,119,9909
```

生日.csv

	A	B	C
1	姓名	生日	
2	张三	1990-8-2	
3	李四	1991-9-23	
4	王五	1989-7-5	
5	赵六	1993-6-12	
6	吴云	1986-3-6	
7	赵飞	1994-3-24	
8	王平	1991-9-30	
9	赵英	1991-5-15	
10	刘毅兰	1992-11-5	
11	王梓	1997-12-6	
12	张卓	1985-4-24	
13	王刚	1991-3-24	
14	陈若彤	1992-1-5	
15	李丽	1990-2-13	

生日

图7-1　四个文件的内容格式

生日星座.csv

	A	B	C
1	姓名	生日	星座
2	张三	8月2日	狮子座
3	李四	9月23日	天枰座
4	王五	7月5日	巨蟹座
5	赵六	6月12日	双子座
6	吴云	3月6日	双鱼座
7	赵飞	3月24日	白羊座
8	王平	9月30日	天枰座
9	赵英	5月15日	金牛座
10	刘毅兰	11月5日	天蝎座
11	王梓	12月6日	射手座

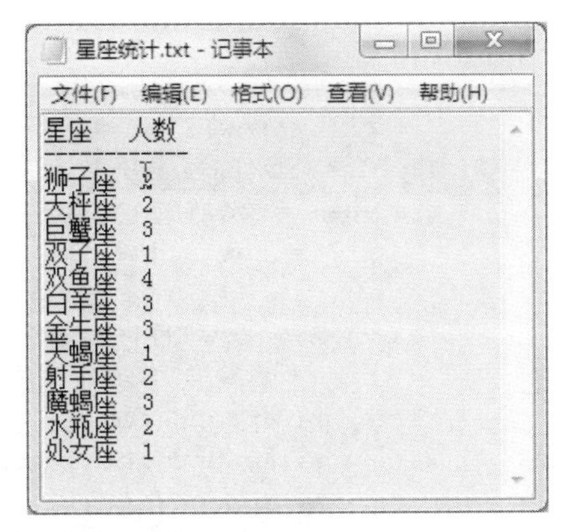

星座统计.txt - 记事本

文件(F) 编辑(E) 格式(O) 查看(V) 帮助(H)

星座　人数

狮子座　2
天枰座　2
巨蟹座　3
双子座　1
双鱼座　4
白羊座　3
金牛座　3
天蝎座　1
射手座　2
魔蝎座　3
水瓶座　2
处女座　1

图7-1　四个文件的内容格式（续）

基本思路

（1）首先从“星座.txt”文件中读出星座及其所对应的起始和截止时间，存入一个二维列表中。

注意，该文件第 3 列和第 4 列代表星座的起始的月份和日子，如果长度是 3 的数据，其中第 1 个字符代表月，后面 2 个字符代表日。如果长度是 4 的数据，前 2 个字符代表月，后两个字符代表日。例如，120 代表 1 月 20 日，1123 代表 11 月 23 日。

在读取时，先将每行数据转成列表形式，再抽取每行中的星座名、起始月、起始日、结束月、结束日，存入一个二维列表中。

（2）从“生日.csv”文件中读取每个人的生日，然后在第一步读取得到的星座列表中搜索该人应该是什么星座，即一边读取一边判断该人属于哪个星座，最终得到每个人的生日及对应星座的二维列表。

（3）将第二步得到的列表写入文件“生日星座.csv”中，注意，这时可以使用 CSV 库中的写单行（writerow）和写多行（writerows）方法，需要用 import csv 导入该库。

（4）统计每个星座的人数。创建一个空的字典，再利用第二步得到的生日及对应星座的二维列表统计出相应星座的人数，写入字典。最后将字典数据写入“星座统计.txt”，每行最后要写入换行字符“\n”。

程序代码

```
import csv
def readtxt(filename):# 读取保存星座信息的文本文件，并得到一个星座及其时间的二维列表
    with open(filename,"r") as f:
        ls = []
        for line in f:
            s = line.strip("\n").split(",") # 每行形成一个列表
            ls.append(s)
        xing_all = []          # 存储所有的星座名及其划分的起始与截止时间的二维列表
        for row in ls:
            xing_one = []      # 用来存储每个星座的名称及起始与截止时间一维列表
            if  len(row[2])==3:                  # 如果日期长度为3
                yue1 = row[2][0]                 # 第一个字符代表月
                ri1 = row[2][1:3]                # 后面两个字符代表日
```

```
        else:                               # 如果日期长度为4
            yue1 = row[2][0:2]              # 前两个字符代表月
            ri1 = row[2][2:4]               # 后两个字符代表日
        if  len(row[3])==3:
            yue2 = row[3][0]
            ri2 = row[3][1:3]
        else:
            yue2 = row[3][0:2]
            ri2 = row[3][2:4]
        xing_one.append(row[1])             # 添加星座
        xing_one.append(int(yue1))          # 起始月
        xing_one.append(int(ri1))           # 起始日
        xing_one.append(int(yue2))          # 截止月
        xing_one.append(int(ri2))           # 截止日
        xing_all.append(xing_one)           # 将一个星座的名称及时间信息存入二维列表
    return xing_all

def readcsv(filename,xing):
    with open(filename,"r") as f:
        f.readline()                        # 将标题行跳过不存
        sr = f.readlines()                  # 读取所有人的姓名和生日
        people = []                         # 存储所有人姓名、生日和星座的二维列表
        for item in sr:
            person = []                     # 存储一个人姓名、生日和星座的一维列表
            per = item.strip("\n").split(",")  # 将item中的字符串转成列表数据
            date = per[1].split("-")           # 将年、月、日分割成列表
            person.append(per[0])              # 添加姓名
            person.append(date[1]+"月"+date[2]+"日")    # 添加生日
            for line in xing:                # 从星座数据中判断当前人属于哪个星座
                if (int(date[1])==line[1] and int(date[2])>=line[2]) \
                    or (int(date[1])==line[3] and int(date[2])<=line[4]):
                     person.append(line[0])    # 添加星座
                     break
            people.append(person)            # 将一个人的数据添加到二维列表
    return people

def writecsv(filename,people):
    with open(filename,"w",newline = "") as f:
         w = csv.writer(f)
         w.writerow(["姓名","生日","星座"])
         w.writerows(people)

def Stats(people):
    dict_num = { }
    for line in people:
        dict_num[line[2]] = dict_num.get(line[2],0)+1
    return dict_num

def writetxt(filename):
    with open(filename,"w") as f:
```

```
        f.write("星座    人数"+"\n")
        f.write("------------"+"\n")
        for key,value in dict_num.items():
            f.write(key+"  "+str(value)+"\n")

if __name__=='__main__':
    list_xing = readtxt("星座.txt")
    list_people = readcsv("生日.csv",list_xing)
    writecsv("生日星座.csv",list_people)
    dict_num = Stats(list_people)
    writetxt("星座统计.txt")
```

习 题

一、判断题

（1）使用 with 语句打开文件可以保证文件在使用完之后被正确关闭。 （ ）

（2）可以使用 seek()方法更改文件指针的位置，以读取或写入指定的文件位置。 （ ）

（3）使用 readline()方法可以一次读取一行文件内容。 （ ）

（4）使用 write()方法写入文件时，需要保证写入的内容是字符串类型。 （ ）

（5）在使用 open()函数打开文件时，可以指定文件的编码格式。 （ ）

（6）使用 close()方法关闭文件后，再次对文件进行读写操作时会引发异常。 （ ）

（7）使用 read()方法读取文件时，如果文件太大，可能会导致内存不足。 （ ）

二、编程题

（1）编写一个函数，接受一个文件名作为参数，并返回该文件中的行数。

（2）从某一个文本文件中读取内容，并将内容增加到另外一个文本文件中。

第8章 图形用户界面设计

图形用户界面（graphical user interface,GUI）又称图形用户接口，是指采用图形方式显示的计算机操作用户界面。图形用户界面是一种人与计算机通信的界面显示格式，人们不需要记忆和输入烦琐的命令，只需要使用鼠标等输入设备就可以操纵屏幕上的图标或菜单选项。与通过键盘输入文本或字符命令来完成例行任务的字符界面相比，图形用户界面大大降低了人们使用计算机的门槛。

从 Python 诞生伊始，就有许多优秀的 GUI 工具集整合其中，这些优秀的 GUI 工具集使得 Python 也可以在图形界面设计领域大展身手。

学习目标

通过本章的学习，应该掌握以下内容:

（1）了解常用 GUI 模块。

（2）掌握 tkinter 模块常用组件。

（3）学习使用 tkinter 模块实现图形用户界面编程。

8.1 Python GUI模块介绍

使用 Python 语言开发程序时，如果碰到图形用户界面（GUI）应用开发任务，就需要一些界面库来帮助我们快速搭建界面。Python 语言是一个开源的编程语言，除了自带的 GUI 模块 tkinter，还有第三方软件，如 wxPython、Jython、IronPython 等，都可以用来绘制图形用户界面。

1. tkinter

tkinter 是 Python 配置的标准 GUI 库，适用于简单的图形界面开发，且适用于多种操作系统。由于 tkinter 是内置到 Python 的安装包中的，因此只要安装好 Python 之后就能使用。使用 tkinter 可以快速创建 GUI 应用程序，Python 的 IDLE 也是用 tkinter 编写而成的。

2. wxPython

wxPython 是 Python 语言中的一套优秀的 GUI 图形库。wxPython 也是一款开源软件，并且具有非常优秀的跨平台能力。其功能较 tkinter 更为强大，允许 Python 程序员很方便地创建完整的、功能健全的 GUI 用户界面，适合大型程序的开发。

3. Jython

Jython是两种广泛流行的语言——Java和Python的组合，不仅提供了Python的库，同时也提供了所有的Java类。对于熟悉Java的程序员来说，Jython语言结合了Python的灵活高效与Java的强大，是一个不错的选择。

4. IronPython

IronPython就是在.NET下实现的Python，它支持标准的Python模块。安装IronPython后并不需要安装Python，当然两者也可以共存。

除了上述四种常用的GUI模块，实际上还有不少支持GUI的模块。这些模块各有各的特点、长处，也有其缺点。在编程时，可以按照需求选择一种模块进行图形用户界面的设计。

8.2 tkinter模块介绍

Python的tkinter模块提供了许多组件用于实现GUI编程。tkinter提供了按钮、标签和文本框等多个核心组件，通过使用help(tkinter)命令即可查看。下面介绍tkinter组件及其使用方法。

8.2.1 标签和按钮组件

【例8.1】在窗体中添加按钮和标签，单击按钮时从“学生成绩.csv”文件中读取学生考试成绩，并且显示在标签上。

程序代码：

```
1  from tkinter import*
2  root = Tk()
3  root.title('学生成绩')
4  root.geometry('300x450+100+100')
5  def show():
6      with open("考试分数.csv", "r") as f:
7          lb.configure(text = f.read())
8  lb = Label(root,text = '',width = 20,height = 15,fg = 'purple',font = ("黑体",15))
9  lb.pack()
10 btn = Button(root,text='显示',command = show)
11 btn.pack()
12 root.mainloop()
```

运行情况（见图8-1）：

	A	B	C	D
1	姓名	数学	英语	总分
2	小红	90	70	160
3	小兰	88	92	180
4	小明	92	91	183
5	小李	85	87	172
6	小青	79	79	158
7	小刘	91	69	160
8	小贾	82	93	175
9	小林	86	84	170
10	小丽	79	75	154
11	小玲	70	82	152
12	小容	88	91	179
13	小璇	76	80	156

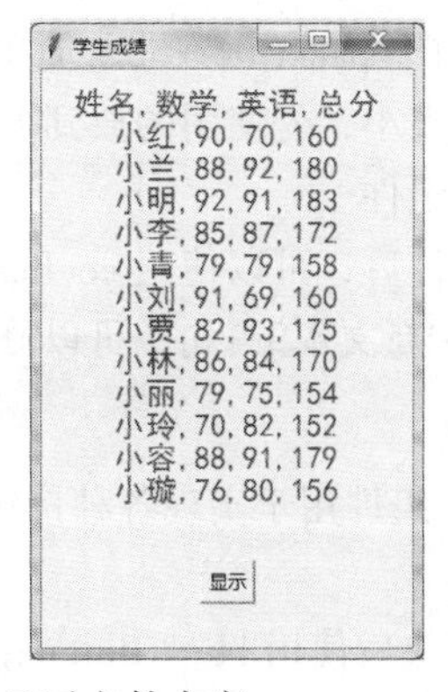

图8-1　使用标签和按钮组件显示文件内容

知识要点

1. tkinter 模块导入

使用 tkinter 模块绘制 GUI 界面，需要先导入 tkinter 模块。tkinter 是 Python 自带的模块，所以不需要安装就可以直接使用。使用之前，需要通过 import tkinter 或者 from tkinter import *导入模块，如【例 8.1】程序第 1 行所示。在这两种导入方式下，分别使用 tkinter.组件名或者组件名调用 tkinter 模块中的组件。

2. 主窗体

程序第 2～4 行实现绘制主窗体的功能。根窗体是 tkinter 的底层控件的实例，导入 tkinter 模块后，调用 Tk()方法可初始化一个根窗体实例 root，用于放置组件：root=Tk()。绘制主窗体后，可以对其属性进行设置。

（1）设置窗体标题

用 title()方法可设置窗体的标题文字，如【例 8.1】中的 root.title('学生成绩')语句。

（2）定义主窗体大小和位置

用 geometry()方法可以设置窗体的大小（以像素为单位）和窗体的位置，调用格式为：窗体.geometry("widthxheight+X+Y")，“width”和“height”分别指定窗体的宽和高，X 和 Y 分别表示以屏幕左上角为顶点的窗体的横纵坐标，例如 root.geometry('300x450+100+100')。这里需要说明的是，命令行中使用英文字符“x”表示乘以。

3. 标签组件

（1）创建标签组建

标签组件是最简单的组件，其调用格式为 label=Label(parent,option,...)。参数 parent 指定显示标签的窗体或父组件，例如本例中父组件为 root 窗口组件。option 参数中可以设置标签中显示的文本、颜色以及位置等属性。最常用的属性为 text 文本属性，用于指定在标签上显示的文本内容。

【例 8.1】中，使用 lb=Label(root,text='',width=20,height=15,fg='purple',font=("黑体",15))语句，在窗体上创建了内容为空，前景色为紫色的标签。标签上的文字字体为黑体，字号 15。标签行数为 15，每行最多显示 20 个字符。

（2）显示标签组件

组件的布局通常有 pack()、grid()和 place()三个函数，【例 8.1】中使用 pack()函数。其调用格式为：组件名.pack()。pack()函数非常简单，我们不用做过多的设置，默认方式会给我们的组件一个合适的位置和大小，先使用的放到上面，然后依次向下排列。

（3）修改标签组件

在建立标签组件后，可以使用 configure 或 config 方法来修改文本、宽度与高度等。例如使用 lb.configure(text='新文本')语句，可以修改 lb 标签的默认内容。

4. 按钮组件

按钮（button）组件用于实现各种按钮。按钮可以包含文本或图像，当按钮被按下时，可以调用函数或方法。

导入 tkinter 模块后使用 btn= Button(parent,option,...)语句创建按钮组件。与其他组件一样，创建时也需要指定显示该组件的窗口或者父组件 parent。option 参数可以用于设置属性，例如使用 text 属性指定按钮上显示的文本，使用 command 指定按下按钮时需要调用的函数或者方法。【例 8.1】中使用 btn=Button(root,text='显示',command=show)语句在根窗口 root 中创建一个按钮组件实例，按下按钮时调用自定义函数 show()。

5. GUI 中的事件处理机制

所有的 GUI 程序都是事件驱动的。什么是事件？事件主要由用户触发，也可能有其他触发方式。比如：鼠标的移动、键盘的按键等都称为事件。鼠标本身又分为移动事件、单击事件、【F1】按下等具体事件。事件处理机制包括三要素：

（1）事件源：能够产生事件的组件。

（2）事件：用户对组件的一个操作。

（3）事件监听器：接收事件、解释事件并处理事件。

当事件发生后，将某事件的对象传递给事件监听器，事件监听器会处理此事件。mainloop 的作用就进入到事件（消息）循环。一旦检测到事件，就刷新组件。

8.2.2 输入框组件

【例 8.2】在窗体中按照标签提示输入两个数字，求这两个数字的和并且显示出来，单击“清空”按钮恢复初始状态。

程序代码：

```
1  from tkinter import *
2  root=Tk()
3  root.title('计算两个数的和')
4  root.geometry('400x180')
5  def summation():
6      a=float(num1.get())
7      b=float(num2.get())
8      s='%0.2f+%0.2f=%0.2f\n'%(a,b,a+b)
9      lb.configure(text=s)
10 def clear():
11     num1.delete(0)
12     num2.delete(0)
13     lb.configure(text='请输入两个数，计算两个数的和')
14 lb=Label(root,text='请输入两个数，计算两个数的和',font=('华文仿宋',15))
15 lb.grid(row=0,column=1,columnspan=2)
16 lb1=Label(root,text='请输入第一个数字',fg='blue',font=('华文仿宋',12))
17 lb1.grid(row=1,column=1)
18 num1=Entry(root)
19 num1.grid(row = 1, column = 2)
20 lb2=Label(root,text='请输入第二个数字',fg='blue',font=('华文仿宋',12))
21 lb2.grid(row=2,column=1)
22 num2=Entry(root)
23 num2.grid(row=2,column=2)
24 btn1=Button(root,text='求和',command=summation)
25 btn1.grid(row = 3, column = 1,sticky = E)
26 btn2=Button(root,text='清空',command=clear)
27 btn2.grid(row = 3, column = 2, sticky = E)
28 root.mainloop()
```

运行情况（见图 8-2）：

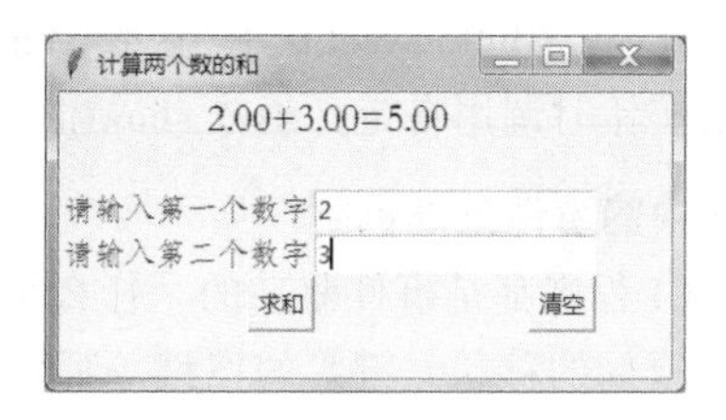

图8-2　求两个数字的和

1. 输入框

输入框又称为文本框，是单行的文字输入组件。通过输入框，计算机可以获取用户输入的信息。与标签组件不同，用户从键盘输入的信息可以直接在输入框中显示，并且支持随时更改输入。

（1）创建输入框组件

导入 tkinter 模块后使用 en=Entry(parent,option,...)语句即可创建输入框组件。一般创建输入框，需要指定显示该组件的窗体或者父组件。例如 num1=Entry(root)，该语句指定在根窗体 root 中显示输入框组件实例 num1，作为输入第一个数字的入口。

（2）输入框组件选项

在创建输入框的语句中，option 参数可以用于设置输入框的属性。

这里，我们主要介绍输入框属性 show。在不调整输入框的属性 show 的情况下，输入的文字会显示在组件中；但如果 show='*'，那么文字会以*显示。如果密码等加密信息通过输入框输入，可以通过制定显示方法来隐藏内容，该功能在后续的例子中会用到。

（3）输入框常用函数与方法

delete()方法：该方法的调用格式为 en.delete (first, last=None)，可以删除输入框 en 中从 first 位置到 last 位置（不包括）的值。本例中，通过 num1.delete(0)实现计算完两个数字的和之后，清空输入框中的值。

get()方法：该方法调用格式为 en. get ()，可以获取输入框 en 中的值。

2. 组件布局 grid()函数

【例 8.2】中使用了 grid()布局函数。grid 管理器是 tkinter 里面最灵活的几何管理布局器，也是一个非常方便的工具。使用 grid 布局的时候，在函数里最重要的两个参数是 row（行）和 column（列），默认值均为 0。grid 布局直接用后面的行和列的数字来指定了它位于哪个位置，以 num2.grid(row=2,column=2)为例，在网格布局的第二行第二列的位置显示输入框。此外，grid()布局的常用参数还有：

（1）sticky：可选值包括 NW、N、NE、W、E、SW、S、SE，用于指定控件在布局网格中的位置。

（2）rowspan/columnspan：某个控件占的行数/列数，默认一行/列。

（3）ipadx/ ipady：内边距。

（4）padx/pady：外边距。

需要注意的是，在程序中不能同时使用两种以上布局方式，否则报错。

8.2.3 组件Spinbox、OptionMenu、Text和Combobox

【例 8.3】通过选择年份、省份、民族等信息，从文件中查询招生人数，并显示相关信息。

程序代码：

```
1  from tkinter import ttk
2  from tkinter import *
3  import csv
4  f = open('招生人数.csv', 'r')
5  csvreader = csv.reader(f)
6  final_list = list(csvreader)[1:]
7  root=Tk()
8  root.title('综合查询')
9  root.geometry('600x300')
10 lb1=Label(root,text='选择查询条件',font=('华文仿宋',15))
11 lb1.place(relx=0.1,rely=0.1)
12 def query():
13     year=spin.get()
14     nation=comb.get()
15     major=var.get()
16     selected = [x for x in final_list if x[0]==year and x[1]==major and
x[2]==nation]
17     if selected:
18         text.insert(INSERT,year+'年'+major+'专业招收'+nation+'学生人数为：'
+selected[0][3])
19     else:
20         text.insert(INSERT,'没有查询到结果！')
21 def clear():
22     text.delete(1.0,END)
23 spin=Spinbox(root, values= ("2016", "2017", "2018", "2019", "2020"))
24 spin.place(relx=0.1,rely=0.3,relwidth=0.25)
25 comb=ttk.Combobox(root,value='汉族、蒙古族、回族、藏族、满族、维吾尔族、土家族、哈
萨克族'.split('、'))
26 comb.place(relx=0.1,rely=0.45,relwidth=0.25)
27 comb.current(0)
28 var = StringVar(root)
29 var.set('专业')
30 om = OptionMenu(root, var, *'哲学、经济学、法学、教育学、文学、历史学、理学、工学、
管理学'.split('、'))
31 om.place(relx=0.1,rely=0.6,relwidth=0.25)
32 btn1=Button(root,text='查询',command=query)
33 btn1.place(relx=0.1,rely=0.8,relwidth=0.1,relheight=0.1)
34 btn1=Button(root,text='清空',command=clear)
35 btn1.place(relx=0.25,rely=0.8,relwidth=0.1,relheight=0.1)
36 lb2=Label(root,text='结果',font=('华文仿宋',15))
37 lb2.place(relx=0.65,rely=0.1)
38 text=Text(root,width=30,height=10)
39 text.place(relx=0.5,rely=0.3)
40 root.mainloop()
```

运行情况（见图 8-3）：

	A	B	C	D
1	年份	专业	民族	人数
2	2016	哲学	汉族	427
3	2016	法学	蒙古族	426
4	2016	法学	藏族	339
5	2016	工学	彝族	440
6	2016	工学	藏族	370
7	2016	工学	满族	481
8	2016	教育学	满族	466
9	2016	教育学	朝鲜族	393
10	2016	经济学	白族	391

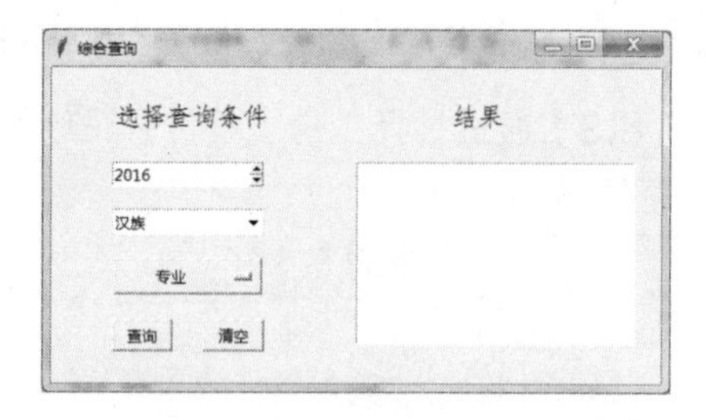

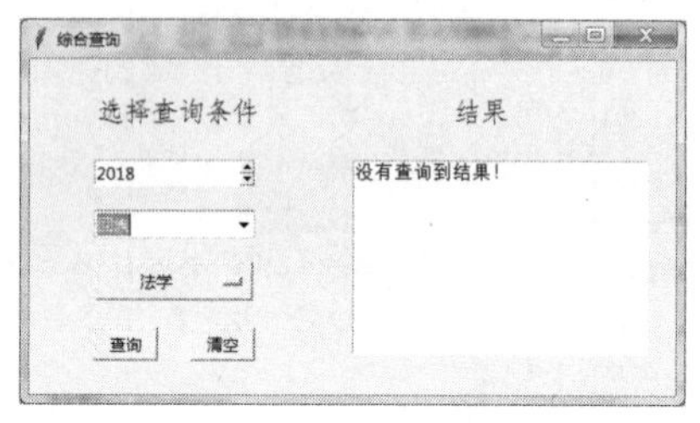

图8-3　综合查询

知识要点

1. Spinbox 组件

Spinbox 组件是输入框组件的变体，用于从一些固定的值中选取一个。Spinbox 组件通常用于在限定数字中选取的情况下代替普通的 Entry 组件。Spinbox 组件与输入框组件用法非常相似，主要区别是使用 Spinbox 组件可以通过范围或者元组指定允许用户输入的内容。如果指定选择范围，那么在 Spinbox(root, from=*, to=*)语句中需要给出数据变化的起始值和终值；如果通过元组指定允许输入的值，那么在 Spinbox(root, values= *)语句中给定所有可能的取值。例如【例 8.3】在第 23 行代码中，列出了所有的年份信息。

获取 Spinbox 的选择值，可以使用 get()方法，参考【例 8.3】中第 13 行代码。

2. OptionMenu 组件

OptionMenu 类是一个辅助类，它用来创建弹出菜单。它非常类似 Windows 上的下拉列表插件，但 OptionMenu 有一个按钮，单击按钮可以查看所有的项。我们先构造一个变量，并给变量一个初始值，如【例 8.3】中第 28～39 行代码所示。如果要创建 OptionMenu，我们需要使用 OptionMenu 类并传给构造函数一个变量和一系列选项值，其调用格式为：OptionMenu(root, var, values)。单击 OptionMenu 按钮，就会弹出一个选择列表，里面是传给 OptionMenu 的选项列表，选择其中任意一个后，按钮上的字符也会随之改变。

为了获得 OptionMenu 组件选取的选项值，可以使用变量的 get()方法。与其他几种组件不同的是，这里不能直接使用 OptionMenu.get()这样的方法。具体参考【例 8.3】中第 15 行代码。

3. Text 组件

Text（文本）组件用于显示和处理多行文本。在 tkinter 的所有组件中，Text 组件显得异常强大和灵活，它适用于处理多种任务，虽然该组件的主要目的是显示多行文本，但也可以作为简单的文本编辑器和网页浏览器使用。

当创建一个 Text 组件的时候，需要指定该组件的父组件、组件宽度（显示几行数据）和高度（每行显示几个字符）等，例如 text=Text(root,width=30,height=10)语句创建了一个 Text 实例，它里面是没有内容的。为了给其插入内容，可以利用 insert()方法以及 INSERT 或 END 索引号。例如，text.insert(index, string)表示在 index 位置插入 string 字符串，如果 index 等于 INSERT 或 END，则表示在光标处或者最后插入文本。

此外，Text 组件还可以使用 delete()方法清空组件显示内容，如【例 8.3】中第 22 行代码所示。这里，需要指定要删除的文本的起始位置和终止位置。

4. Combobox 组件

组合框，又称为下拉列表，其功能是可视化呈现数据，并允许用户选择所列条目。实际上，在一些实例中，使用组合框是非常适合的。比如，使用组合框列出省份，用户可以直接选择生源。

（1）创建组合框组件

该控件并不包含在 tkinter 模块中，而是包含在 tkinter 的子模块 ttk 中。如果使用该控件，应先用 from tkinter import ttk 语句引用 ttk 子模块，然后创建组合框实例。创建组合框的语句是：Combobox(parent,option,...)。这里，需要指定显示该组件的窗口或者父组件 parent，参考【例 8.3】中第 25 行代码。

（2）组合框常用属性

我们主要介绍组合框 value 属性。通过 value 属性，我们可以给下拉菜单设定值。例如，本例通过 comb=ttk.Combobox(root,value='汉族、蒙古族、回族、藏族、满族、维吾尔族、土家族、哈萨克族'.split('、'))语句，创建了一个包含民族信息的下拉列表。

（3）获取组合框的值

使用 get()方法，可以获取选取列表项的值，参考【例 8.3】中第 14 行代码。

5. 组件布局 place()函数

place()布局允许程序员指定组件的大小和位置，可以使用绝对的位置或相对位置来摆放控件。place()布局中可以直接使用“x”和“y”属性指定控件在窗口中的绝对 x/y 坐标；使用 relx/rely 属性设置控件与主窗口的相对位置；使用 relwidth/relheight 属性调整组件的相对大小。

例如，【例 8.3】中使用 btn1.place(relx=0.25,rely=0.8,relwidth=0.1,relheight=0.1)语句在页面显示按钮组件。

8.2.4 菜单

【例 8.4】创建一个菜单栏，内有一个主菜单选项“文件”。“文件”菜单下有三个选项“导入数据”、“保存数据”和“退出”。单击“导入数据”，从文件中获取数据并显示。支持对数据进行修改，单击“保存数据”，将修改后的数据存入文件。单击“退出”退出整个菜单。

程序代码：

```
1  from tkinter import *
2  import csv
3  import tkinter.messagebox
4  def openfile():
5     csvreader = csv.reader(open('招生人数.csv', 'r'))
6     final_list = list(csvreader)
7     text.delete(1.0,END)
8     for i in range(0,len(final_list)):
9        text.insert(INSERT,final_list[i])
```

```
10         text.insert(INSERT,'\n')
11 def savefile():
12     text_content = []
13     text_content = (text.get(1.0,END).replace(' ',',')).split("\n")
14     text_content.pop()
15     text_content.pop()
16     new=[]
17     for el in text_content:
18         new.append(el.split(","))
19     with open('招生人数.csv','w',newline='') as t:
20         writer=csv.writer(t)
21         writer.writerows(new)
22         tkinter.messagebox.showinfo('通知','保存成功！')
23 def ask():
24     if tkinter.messagebox.askokcancel('退出','确定退出吗？'):
25         root.destroy()
26 root=Tk()
27 root.title('菜单')
28 root.geometry('600x500')
29 mainmenu=Menu(root)
30 menuFile=Menu(mainmenu)
31 mainmenu.add_cascade(label='文件',menu=menuFile)
32 menuFile.add_command(label='导入数据',command=openfile)
33 menuFile.add_command(label='保存数据',command=savefile)
34 menuFile.add_separator()
35 menuFile.add_command(label='退出',command=ask)
36 root['menu']=mainmenu
37 s_x = Scrollbar(root)
38 s_x.pack(side = RIGHT, fill = Y)
39 s_y = Scrollbar(root, orient = HORIZONTAL)
40 s_y.pack(side = BOTTOM, fill = X)
41 text = Text(root, width = 200, yscrollcommand = s_x.set, xscrollcommand =
s_y.set, wrap = 'none')
42 text.pack(expand = YES,fill = BOTH)
43 s_x.config(command = text.yview)
44 s_y.config(command = text.xview)
45 root.mainloop()
```

运行情况（见图 8-4）：

	A	B	C	D	E
1	年份	专业	民族	人数	
2	2016	哲学	汉族	411	
3	2016	法学	蒙古族	426	
4	2016	法学	藏族	339	
5	2016	工学	彝族	440	
6	2016	工学	藏族	370	
7	2016	工学	满族	481	
8	2016	教育学	满族	466	
9	2016	教育学	朝鲜族	393	
10	2016	经济学	白族	391	
11	2017	文学	壮族	346	
12	2017	历史	高山族	334	
13	2017	历史	土家族	401	
14	2017	教育学	黎族	346	
15	2017	理学	汉族	422	
16	2018	工学	藏族	330	
17	2018	工学	黎族	301	
18	2018	工学	白族	410	
19	2018	法学	汉族	334	

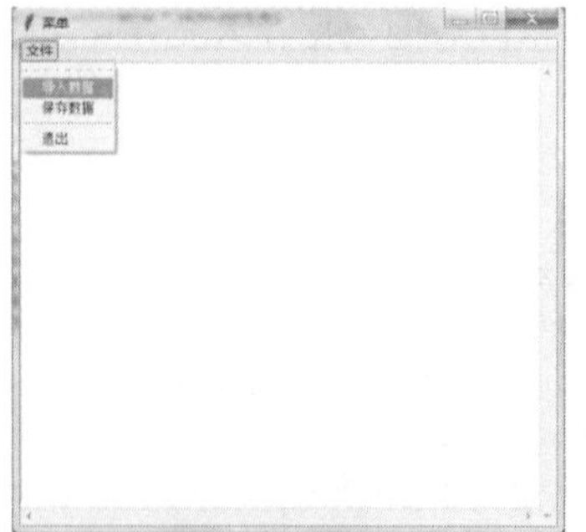

图8-4　创建菜单

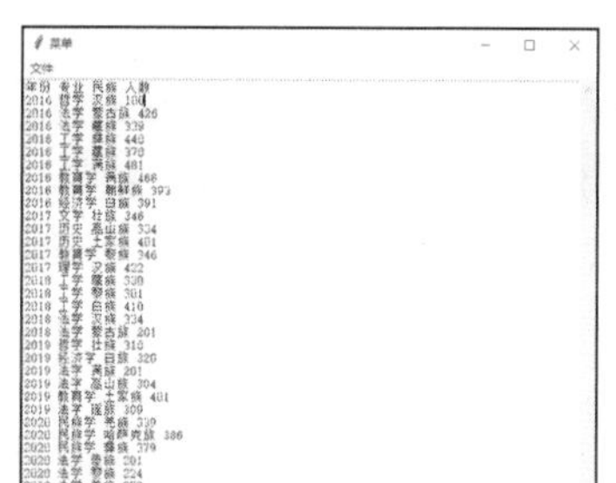

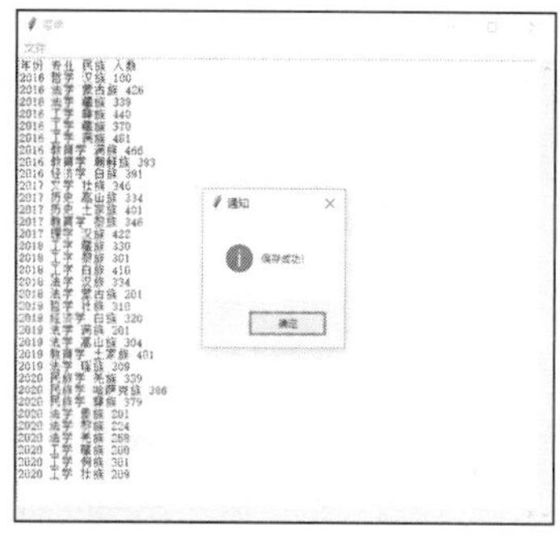

年份	专业	民族	人数
2016	哲学	汉族	100
2016	法学	蒙古族	426
2016	法学	藏族	339
2016	工学	彝族	440
2016	工学	藏族	370
2016	工学	满族	481
2016	教育学	满族	466
2016	教育学	朝鲜族	393
2016	经济学	白族	391
2017	文学	壮族	346
2017	历史	高山族	334
2017	历史	土家族	401
2017	教育学	黎族	346
2017	理学	汉族	422
2018	工学	藏族	330
2018	工学	黎族	301
2018	工学	白族	410
2018	法学	汉族	334
2018	法学	蒙古族	201

图8-4 创建菜单（续）

知识要点

1. 菜单组件

菜单组件是图形界面程序设计中非常重要的一个组件。系统中的菜单栏可以大大降低操作难度，提高操作效率。菜单栏中横向排列的菜单称之为主菜单，每个主菜单项的下拉列表中可能包含若干个菜单项，而每个选项又可以拥有自己的下拉列表。

（1）创建菜单组件

导入 tkinter 模块后，使用 menu= Menu(parent,option,...)语句即可以创建该组件。这里，需要指定显示该组件的窗体或者父组件 parent。例如，在【例 8.4】中通过 mainmenu=Menu(root)创建了主菜单，又通过 menuFile=Menu(mainmenu)创建了菜单项。注意在这两个语句中，指定的 parent 是不一样的，一个是主窗体，另外一个是主菜单。

（2）菜单常用的方法

创建完菜单后，可以向菜单项中添加菜单项。一般来说，直接调用菜单方法就可以完成添加菜单项的功能。

add_cascade(option,...)方法可以将下级菜单（项）级联到指定的菜单（项）。常用属性包括：menu，被级联菜单项；label，菜单项的名称。例如，通过 mainmenu.add_cascade(label='文件', menu=menuFile)语句将名为“文件”的菜单项 menuFile 级联到主菜单 mainmenu 中。

add_command(option,...)方法可以用来在菜单中添加菜单项。常用属性包括：menu，指定添加该菜单项的上级菜单；label，菜单项的名称；underline，表示是否有下画线；command，指定选择该菜单项时调用的函数或者方法。例如，menuFile.add_command(label='导入数据', command=openfile)表示在菜单项 menuFile 中添加一个名为“导入数据”的选项，单击该选项时执行 openfile()函数。

add_separator()方法可以在菜单中添加分隔线。

2. 交互对话

该控件并不包含在 tkinter 模块中，如果使用该控件，应先通过 import tkinter.messagebox 语句引用 messagebox 模块。messagebox 模块提供了一个模板基类以及多个常用配置的便捷方法。执行对话框函数，可弹出模式消息对话框，并根据用户的响应返回一个布尔值。一般，可以使用：对话框函数(<title=' '>,<message=' '>,option,...)创建对话框。例如，【例 8.4】中用 tkinter.messagebox.askokcancel('退出','确定退出吗？')语句，创建了窗口标题（title）为“退出”，显示信息（message）为“确定退出吗？”的交互对话框。

messagebox 模块包含 showinfo()、showwarning()、showerror()、askquestion()、askokcancel()、askyesno()等不同的交互对话框函数。调用这些函数，可以创建不同类型的交互对话框。例如，通过使用 showinfo()、showwarning()、showerror()函数，可以创建消息框、警告框以及错误提示框。相应的，显示的图表也会有所不同。

3. 关闭窗体

在单击“退出”选项时，关闭窗体。使用 root.destroy，就可以完成对根窗体的销毁。

4. 滚动条

（1）创建滚动条

使用 Scrollbar(option,...)语句可以创建一个滚动条。这里，需要指定滚动条的父组件。例如，s_x = Scrollbar(root)就创建了一个滚动条。此外，在创建滚动条时还可以指定滚动条的方向，比如，【例 8.4】中通过 s_y = Scrollbar(root, orient = HORIZONTAL)语句创建了水平方向的滚动条。

（2）绑定滚动条

如【例 8.4】的第 41 行代码所示，在创建文本框组件 text 时，使用 yscrollcommand = s_x.set 以及 xscrollcommand = s_y.set 命令将滚动条关联到文本框，然后通过 s_x.config(command = text.yview)和 s_y.config(command = text.xview)语句，将文本框关联到滚动条上，滚动条滑动，文本框跟随滑动。

8.2.5 窗体

【例 8.5】使用 Python 的 tkinter 模块，编程实现 BMI 指数计算器。身体质量指数（Body Mass Index，BMI）是国际上常用的衡量人体肥胖程度和是否健康的重要标准。肥胖程度的判断不能采用体重的绝对值，它与身高有关。因此，BMI 通过人体体重和身高两个数值获得相对客观的参数，并用这个参数所处范围衡量身体质量。BMI 指数的计算公式如下：

```
BMI= 体重(千克) /身高²(厘米)
```

通过输入身高和体重，可以计算出身体 BMI 指数，并且可以根据 BMI 指数判断体重是否处于正常范围。

程序代码：

（1）main.py 代码。

```
from tkinter import *
from LoginPage import *
root = Tk()
root.title('计算BMI指数')
LoginPage(root)
root.mainloop()
```

（2）LoginPage.py 代码。

```
1  from tkinter import *
2  from tkinter.messagebox import *
3  from MainPage import *
4  class LoginPage(object):
5      def__init__(self, master=None):
6          self.root = master                            # 定义内部变量root
7          self.root.geometry('%dx%d' % (500, 300))   # 设置窗口大小
```

```
8         self.username = StringVar()
9         self.password = StringVar()
10        self.createPage()
11    def createPage(self):
12        Label(self.root,text='计算BMI指数',bg='#d3fbfb',fg='red',font= ('宋体',
25),relief=SUNKEN).pack(fill=X)
13        self.page = Frame(self.root)                    # 创建Frame
14        self.page.pack()
15        Label(self.page,text = '账户：',font=("宋体",12)).grid(row=2, stick=W,
pady=10)
16        Entry(self.page,textvariable=self.username).grid(row=2,   column=1,
stick=E)
17        Label(self.page,text = '密码：',font=("宋体",12)).grid(row=4, stick=W,
pady=10)
18        Entry(self.page,textvariable=self.password,   show='*').grid(row=4,
column=1, stick=E)
19        Button(self.page,text='登录',font=("宋体",10),command=self.loginCheck).
grid(row=6, stick=W, pady=10)
20       Button(self.page,text='退出',font=("宋体",10),command=self.root.destroy).
grid(row=6, column=1, stick=E)
21    def loginCheck(self):
22        name = self.username.get()
23        password = self.password.get()
24        if self.isLegalUser(name,password):
25            self.page.destroy()
26            MainPage(self.root)
27        else:
28            showinfo(title='错误', message='账号或密码错误！')
29            self.username.set("")
30            self.password.set("")
31    def isLegalUser(self,name,password):
32        with open('账号密码.txt',"r",encoding='utf-8') as f:
33            for line in f.readlines():
34                info = line[:-1].split(",")
35                if len(info)<2:
36                    break
37                if info[0].strip()==name and  info[1].strip()==password :
38                    f.close()
39                    return True
40        return False
```

（3）MainPage.py 代码。

```
1     from tkinter import *
2     class MainPage(object):
3         def __init__(self, master=None):
4             self.root = master                           # 定义内部变量root
5             self.root.geometry('%dx%d' % (500, 300))    # 设置窗口大小
6             self.entry_height=StringVar()
7             self.entry_weight=StringVar()
8             self.Bmi1 = StringVar()
```

```
9           self.Bmi2 = StringVar()
10          self.createPage()
11      def createPage(self):
12          self.main = Frame(self.root)                      #创建Frame
13          self.main.pack()
14          # 设置升高标签和输入框
15          Label(self.main,text = '身高（厘米）',font = ('隶书',18)).grid(row=2,
column=1,stick=W, pady=2)
16          Entry(self.main,textvariable = self.entry_height,font = ('隶书',18)).
grid(row=2, column=3,stick=W, pady=2)
17          # 设置体重标签和输入框
18          Label(self.main,text = '体重（千克）',font = ('隶书',18)).grid(row=3,
column=1,stick=W, pady=2)
19          Entry(self.main,textvariable = self.entry_weight,font = ('隶书',18)).
grid(row=3, column=3,stick=W, pady=2)
20          Button(self.main,text='计算BMI指数',font=('隶书',14),command=self.bmi).
grid(row=4, column=1, rowspan=2,columnspan=2)
21          Button(self.main,text='清空',font=('隶书',14),command=self.clear).grid
(row=4, column=3, rowspan=2,columnspan=2)
22          # 添加显示结果的输入框
23         Entry(self.main,textvariable=self.Bmi1,font=('隶书',18)).grid(row=7,
column=1,rowspan=2,columnspan=3)
24          Entry(self.main,textvariable=self.Bmi2,font=('隶书',18)).grid(row=10,
column=1,rowspan=2,columnspan=3)
25          # 添加计算按钮Button
26      def bmi(self):
27         bmi_set=round(float(self.entry_weight.get())/(float(self.entry_height.
get())*float(self.entry_height.get()))*10000,2)
28          if bmi_set < 18.5:
29              state = ('过轻')
30          elif 18.5 <= bmi_set <= 25:
31              state = ('正常')
32          elif 25 <= bmi_set <= 28:
33              state = ('过重')
34          elif 28 <= bmi_set <= 32:
35              state = ('肥胖')
36          else:
37              state = ('严重肥胖')
38          BMI_result = ('您的BMI为: ',bmi_set)
39          BMI_state=('你的体型属于: ',state)
40          self.Bmi1.set(BMI_result)
41          self.Bmi2.set(BMI_state)
42      def clear(self):
43          self.entry_height.set("")
44          self.entry_weight.set("")
45          self.Bmi1.set("")
46          self.Bmi2.set("")
```

运行情况（见图 8-5）:

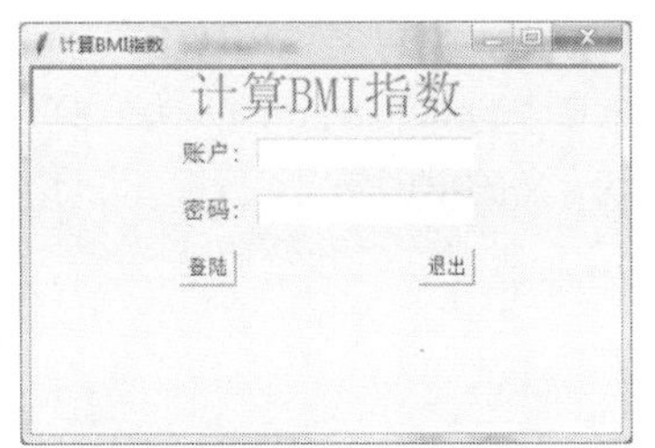

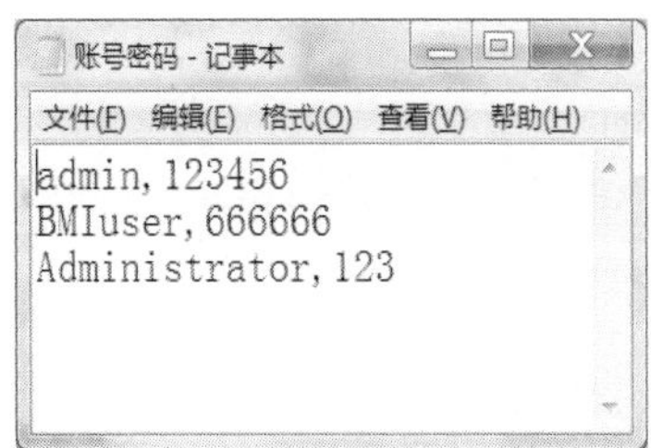

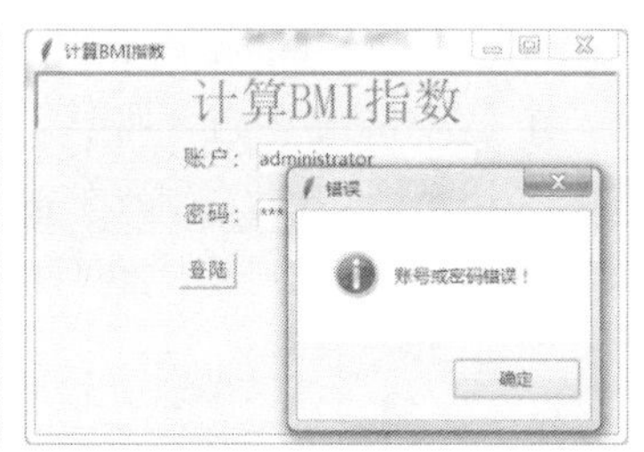

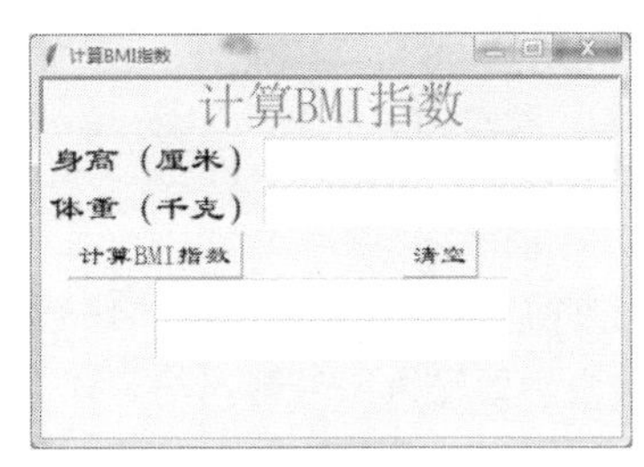

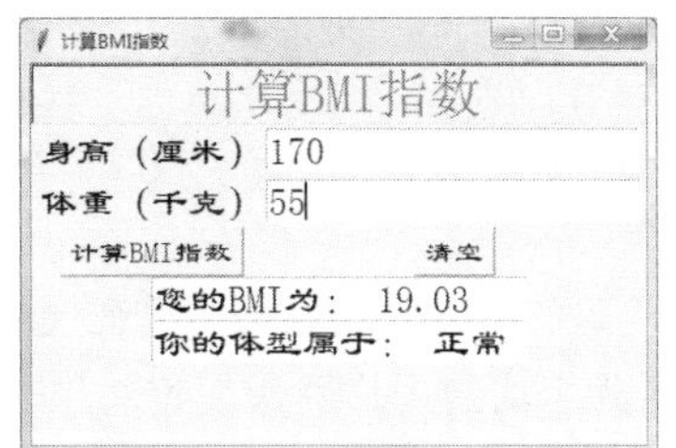

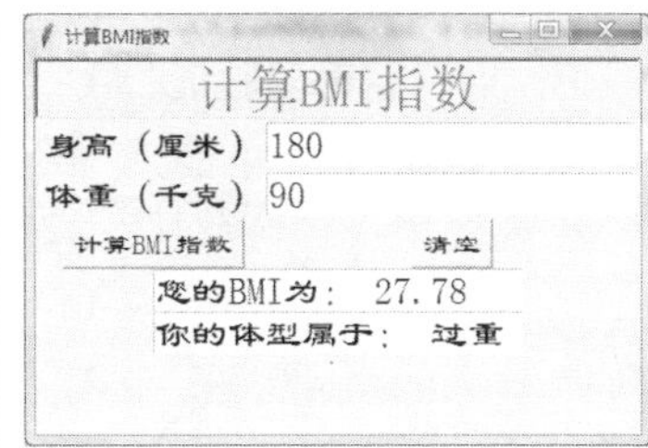

图8-5　身体BMI指数计算器

1. 窗体的创建

在 Python 中，窗体也是一个控件，它可以容纳其他控件（比如按钮、标签等）。在 tkinter 中，Frame 类表示窗体，每个 Frame 窗体界面采用类的方式定义各自的控件和方法。

【例 8.5】中的登录窗体类 LoginPage 中包含四个方法：__init__初始化方法、createPage 创建窗体、loginCheck 登录验证和 isLegalUser 判断用户的合法性。下面总结一下初始化方法和 createPage 方法中的主要步骤。

```
def __init__(self, master = None):
```

第一步：self.root = master，用来定义内部变量 root。

第二步：对象属性定义及初始化。

第三步：self.createPage()，调用该方法创建窗体及其包含的控件。

初始化方法中有两个参数：第一个 self 代表登录窗体对象本身；第二个是 master。在 tkinter 中，A 控件可能属于 B 控件，这时 B 就是 A 控件的 master。默认一个窗口没有 master，因此 master 的默认值为 None。

```
def createPage(self):
```

第一步：self.page = tk.Frame(self.root)，创建一个 Frame 对象。

第二步：self.page.pack()，按 pack 布局方式显示窗体。

第三步：创建窗体上的其他组件（标签、输入框和按钮）。

通过 createPage()方法可以看出，窗体的创建主要包括三个步骤：

① 创建一个 Frame 对象。

② 指定窗体控件的布局方式。

③ 添加窗体中需要各种控件。

2. 窗体切换

主程序相当于一个画板，不同的 Frame 窗口相当于不同的画布。那么在实现跳转界面的效果时，只需要调用 tkinter.destroy()方法销毁旧界面，然后生成新界面的对象，即可实现窗体的切换。

在【例 8.5】中包含两个 Frame：登录窗体（LoginPage）和计算主窗体（MainPage），在登录窗体中输入完用户名和密码，单击“登录”按钮，在 LoginPage.py 代码中的第 19 行显示，该按钮对应的命令是调用 loginCheck()方法。如代码第 25～27 行所示，当用户名和密码正确时，执行下面两条语句：

```
self.page.destroy()  # 销毁登录窗体
MainPage(self.root)  # 创建计算BMI指数的主窗体
```

3. 用户名密码验证

在登录窗体中,单击“登录”按钮,会调用 loginCheck()方法,在该方法中又会调用 isLegalUser()方法来检测用户名和密码的合法性。

LoginPage.py 的第 31～40 行代码的功能是读入账号密码文件，然后逐行比对文件中的账号密码和输入的账号密码，判断是否为合法的用户登录。如果合法，则销毁输入账号密码的窗体，进入计算 BMI 指数的窗体。

8.3 应用实例

问题描述

使用面向对象方式编程实现招生人数查询系统（见图 8-6）。使用账户、密码登录系统，如果输入账户、密码合法，则登录系统并弹出新窗体，否则弹出错误对话框。在新窗体上有主菜单项：文件、处理和退出。在打开页面中可以打开数据文件并对其进行修改和保存；“处理”下拉列表包括“插入数据”和“删除数据”，可以增加或者删除数据；单击“退出”可退出系统。

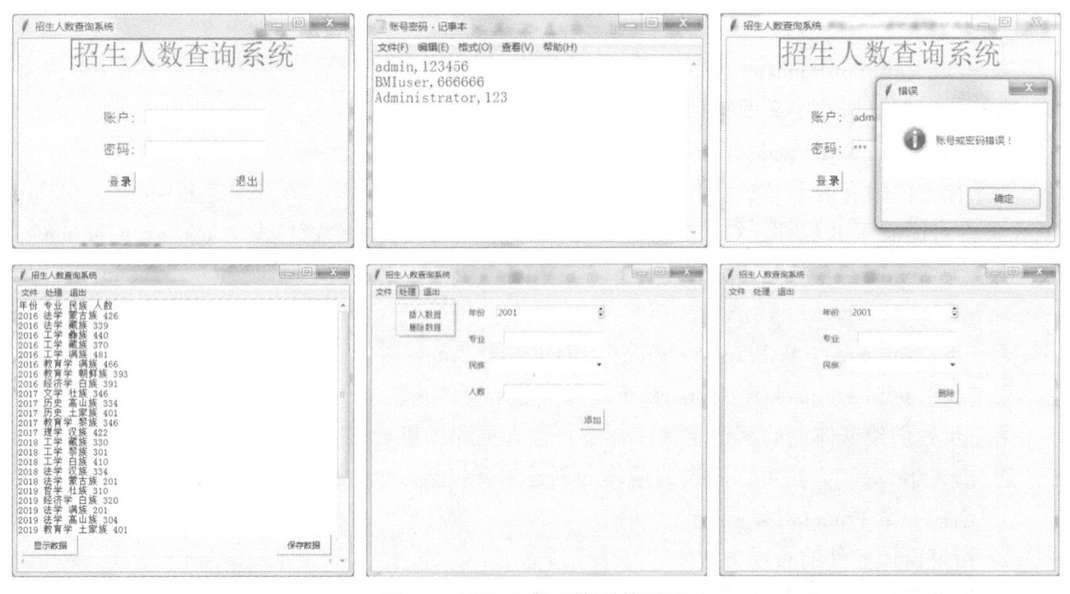

图8-6 招生人数查询系统界面

基本思路

（1）首先实现登录窗体的绘制，按照【例 8.5】所示，根据账号密码列表判断输入的用户名和密码是否合法，如果合法，则进行页面跳转，打开新窗体。

（2）在新页面中绘制菜单。主菜单项包括文件、处理和退出，其中，“文件”菜单下拉列表包括“导入数据”，处理菜单下拉列表包括“插入数据”和“删除数据”。打开和保存功能可以参考【例 8.4】。

（3）单击“处理”菜单下拉列表中的“插入数据”选项，弹出新的页面，页面中包含年份、专业、民族、人数等信息的输入选项，输入信息后单击“添加”按钮则可将数据添加至文件中。

（4）单击“处理”菜单下拉列表中的“删除数据”选项，可以通过设置年份、专业、民族等信息选择要删除的数据，单击“删除”按钮则可将数据从文件中移除。

程序代码

（1）main.py 代码。

```
from tkinter import *
from LoginPage import *
root = Tk()
root.title('招生人数查询系统')
LoginPage(root)
root.mainloop()
```

（2）LoginPage.py 代码。

```
from tkinter import *
from tkinter.messagebox import *
from MainPage import *
import time

class LoginPage(object):
    def __init__(self, master=None):
        self.root = master                                  # 定义内部变量root
        self.root.geometry('%dx%d' % (500, 300)) # 设置窗口大小
        self.username = StringVar()
        self.password = StringVar()
        self.createPage()
    def createPage(self):
        self.page = Frame(self.root)                   # 创建Frame
        self.page.pack()
        Label(self.page,text='招生人数查询系统',bg='#d3fbfb',fg='red',font=
('宋体',25),relief=SUNKEN).grid(row=1, columnspan=2,stick=E+W)
        Label(self.page, text = '  ').grid(row=2, stick=W, pady=10)
        Label(self.page,text = '账户：',font=("宋体",12)).grid(row=3,stick=E,
pady=10)
        Entry(self.page,textvariable=self.username).grid(row=3,  column=1,
stick=W)
        Label(self.page,text = '密码：',font=("宋体",12)).grid(row=4,stick=E,
pady=10)
        Entry(self.page,textvariable=self.password,  show='*').grid(row=4,
```

```
column=1, stick=W)
        Button(self.page,  text=' 登 录 ',font=(" 宋 体 ",10),command=self.
loginCheck) .grid(row=5, columnspan=2,stick=W,padx=50, pady=10)
        Button(self.page, text='退出',font=("宋体",10),command=self.root.
destroy).grid(row=5, columnspan=2, stick=E,padx=50,pady=10)
    def loginCheck(self):
        name = self.username.get()
        password = self.password.get()
        if self.isLegalUser(name,password):
            self.page.destroy()
            MainPage(self.root)
            self.page.pack_forget()
        else:
            showinfo(title='错误', message='账号或密码错误！')
            self.username.set("")
            self.password.set("")
    def isLegalUser(self,name,password):
        with open('账号密码.txt',"r",encoding='utf-8') as f:
            for line in f.readlines():
                info = line[:-1].split(",")
                if len(info)<2:
                    break
                if info[0].strip()==name and  info[1].strip()==password :
                    f.close()
                    return True
        return False
```

（3）MainPage.py 代码。

```
from tkinter import *
from view import * #菜单栏对应的各个子页面

class MainPage(object):
    def __init__(self, master=None):
        self.root = master                                 # 定义内部变量root
        self.root.geometry('%dx%d' % (600, 500))           # 设置窗口大小
        self.createPage()
    def createPage(self):
        self.inputPage = InputFrame(self.root)             # 创建输入窗体
        self.addPage = AddFrame(self.root)                 # 创建添加窗体
        self.deletePage = DeleteFrame(self.root)           # 创建删除窗体
        self.addPage.pack()                                # 默认显示数据录入界面
        mainmenu = Menu(self.root)
        menuFile = Menu(mainmenu)
        mainmenu.add_cascade(label='文件',menu=menuFile)
        menuFile.add_command(label='导入数据',command=self.inputData)
        menuEdit = Menu(mainmenu)
        mainmenu.add_cascade(label='处理',menu=menuEdit)
        menuEdit.add_command(label='插入数据',command=self.addData)
        menuEdit.add_command(label='删除数据',command=self.deleteData)
        menuExit = Menu(mainmenu)
```

```
        mainmenu.add_cascade(label='退出',menu=menuExit)
        menuExit.add_command(label='退出',command=self.root.destroy)
        self.root['menu']=mainmenu
    def inputData(self):
        self.inputPage.pack()
        self.addPage.pack_forget()
        self.deletePage.pack_forget()
    def addData(self):
        self.inputPage.pack_forget()
        self.addPage.pack()
        self.deletePage.pack_forget()
    def deleteData(self):
        self.inputPage.pack_forget()
        self.addPage.pack_forget()
        self.deletePage.pack()
```

（4）view.py 代码。

```
from tkinter import *
from tkinter import ttk
import csv
import tkinter.messagebox
class InputFrame(Frame):                        # 继承Frame类
    def __init__(self, master=None):
        Frame.__init__(self, master)
        self.root = master                      # 定义内部变量root
        self.createPage()
    def createPage(self):
        s_x = Scrollbar(self)
        s_x.pack(side = RIGHT, fill = Y)
        s_y = Scrollbar(self, orient = HORIZONTAL)
        s_y.pack(side = BOTTOM, fill = X)
        text = Text(self, yscrollcommand = s_x.set, xscrollcommand = s_y.set,
wrap = 'none')
        text.pack(fill=BOTH)
        s_x.config(command = text.yview)
        s_y.config(command = text.xview)
        def openfile():
            text.delete(1.0,END)
            csvreader = csv.reader(open('招生人数.csv', 'r'))
            final_list = list(csvreader)
            for i in range(0,len(final_list)):
                text.insert(INSERT,final_list[i])
                text.insert(INSERT,'\n')
        def savefile():
            text_content = []
            text_content = (text.get(1.0,END).replace(' ',',')).split("\n")
            text_content.pop()
            text_content.pop()
            new=[]
            for el in text_content:
```

```
                new.append(el.split(","))
            with open('招生人数.csv','w',newline='') as t:
                writer=csv.writer(t)
                writer.writerows(new)
                tkinter.messagebox.showinfo('通知','保存成功！')
        Button(self,text="显示数据",width=10,command=openfile).pack(side=
'left',padx=10)
        Button(self,text="保存数据",width=10,command=savefile).pack(side=
'right',padx=10)
    class AddFrame(Frame):                        # 继承Frame类
        def __init__(self, master=None):
            Frame.__init__(self, master)
            self.root = master                    # 定义内部变量root
            self.itemYear = StringVar()
            self.itemMajor = StringVar()
            self.itemNation = StringVar()
            self.itemNo = StringVar()
            self.createPage()
        def add_num(self):
            info=[]
            if self.S1.get():
                info.append(self.S1.get())
                if self.E1.get():
                    info.append(self.E1.get())
                    if self.comb.get():
                        info.append(self.comb.get())
                        if self.E2.get():
                            info.append(self.E2.get())
                        else:
                            info.append('无')
                    else:
                        info.append('无')
                else:
                    info.append('无')
            else:
                info.append('无')
            with open('招生人数.csv','a',newline='') as t:
                writer=csv.writer(t)
                writer.writerow(info)
                tkinter.messagebox.showinfo('通知','插入成功！')
        def createPage(self):
            Label(self, text = '年份').grid(row=1, stick=W, pady=10)
            self.S1=Spinbox(self,from_=2001,to=2020,increment=1)
            self.S1.grid(row=1, column=1, stick=E)
            Label(self, text = '专业').grid(row=2, stick=W, pady=10)
            self.E1=Entry(self, textvariable=self.itemMajor)
            self.E1.grid(row=2, column=1, stick=E)
            Label(self, text = '民族').grid(row=3, stick=W, pady=10)
            self.comb=ttk.Combobox(self,value='汉族、蒙古族、回族、藏族、满族、维吾尔
族、土家族、哈萨克族'.split('、'))
```

```
        self.comb.grid(row=3, column=1, stick=E)
        Label(self, text = '人数').grid(row=4, stick=W, pady=10)
        self.E2=Entry(self, textvariable=self.itemYear)
        self.E2.grid(row=4, column=1, stick=E)
        Button(self, text='添加',command=self.add_num).grid(row=6, column=1,
stick=E, pady=10)
    class DeleteFrame(Frame):                    # 继承Frame类
        def __init__(self, master=None):
            Frame.__init__(self, master)
            self.root = master                   #定义内部变量root
            self.itemMajor = StringVar()
            self.itemYear = StringVar()
            self.createPage()
        def del_num(self):
            if self.S1.get()=='':
                ms.showinfo(title="出错",message='输入年份不能为空')
            if self.E1.get()=='':
                ms.showinfo(title="出错",message='输入专业不能为空')
            if self.E1.get()=='':
                ms.showinfo(title="出错",message='输入民族不能为空')
            csvreader = csv.reader(open('招生人数.csv', 'r'))
            final_list = list(csvreader)
            for i in range(0,len(final_list)):
                if final_list[i][0]==self.S1.get() and final_list[i][1]==self.
E1.get() and final_list[i][2]==self.comb.get():
                    delnum=i
            del final_list[delnum]
            with open('招生人数.csv','w',newline='') as t:
                    writer=csv.writer(t)
                    writer.writerows(final_list)
        def createPage(self):
            Label(self, text = '年份').grid(row=1, stick=W, pady=10)
            self.S1=Spinbox(self,from_=2001,to=2020,increment=1)
            self.S1.grid(row=1, column=1, stick=E)
            Label(self, text = '专业').grid(row=2, stick=W, pady=10)
            self.E1=Entry(self, textvariable=self.itemMajor)
            self.E1.grid(row=2, column=1, stick=E)
            Label(self, text = '民族').grid(row=3, stick=W, pady=10)
            self.comb=ttk.Combobox(self,value='汉族、蒙古族、回族、藏族、满族、维吾尔
族、土家族、哈萨克族'.split('、'))
            self.comb.grid(row=3, column=1, stick=E)
            Button(self, text='删除',command=self.del_num).grid(row=6, column=1,
stick=E, pady=10)
```

习　　题

编程题

（1）设计一个计算器的图形界面。计算器可以实现简单的加、减、乘、除等运算。

（2）设计一个图形界面，可以通过资源管理器选择图片，并对其进行展示。

（3）设计一个软件的图形界面，实现简单的文本编辑功能，例如打开、修改、保存等。

第9章 Python程序设计思维

本章将带领读者进入 Python 程序设计思维的世界，介绍与之相关的关键概念和工具。我们将从计算思维的角度出发，讨论如何运用 Python 语言进行问题求解和逻辑分析。同时，我们将深入了解 Python 生态系统，介绍重要的第三方库和工具，如 jieba、wordcloud、NumPy 和 Matplotlib 等。另外，本章还将介绍网络爬虫的应用，帮助读者掌握这一技术，并应用于实际项目中。

学习目标

通过本章的学习，应该掌握以下内容：

（1）了解计算思维。

（2）了解 Python 计算生态。

（3）了解 Python 的第三方库及其安装方法。

（4）学习 jieba、wordcloud、NumPy 和 Matplotlib 等第三方库的使用。

（5）学习网络爬虫的基本原理和常用的 Python 爬虫框架。

9.1 计算思维

【例 9.1】 求斐波那契数列中第 *n* 个数字。

程序代码（逻辑思维 - 数学公式）：

```
def fibonacci_formula(n):
    """
    使用数学公式计算斐波那契数列中第n个数字
    """
    import math
    phi = (1 + math.sqrt(5)) / 2
    return int((phi**n - (1-phi)**n) / math.sqrt(5))
# 调用函数
n = eval(input())
result = fibonacci_formula(n)
print("斐波那契数列中第{}个数字为{}".format(n, result))
```

程序代码（计算思维 - 递归函数）：

```
def fibonacci_recursive(n):
```

```
    """
    使用递归函数计算斐波那契数列中第n个数字
    """
    if n <= 1:
        return n
    else:
        return fibonacci_recursive(n-1) + fibonacci_recursive(n-2)
# 调用函数
n = eval(input())
result = fibonacci_recursive(n)
print("斐波那契数列中第{}个数字为{}".format(n, result))
```

运行情况：

```
输入：10
输出：斐波那契数列中第10个数字为55
```

知识要点

1. 三大科学思维

三种科学思维包括理论思维、实证思维和计算思维。这三种科学思维在科学研究、问题解决和创新设计等方面起着重要的作用。它们相互补充、相互交叉，共同推动了科学和技术的发展。理论思维提供了深入思考和理论构建的基础，实证思维提供了实证验证和经验积累的手段，而计算思维则通过计算和信息处理的能力来加速和优化解决方案。

（1）理论思维：理论思维是一种基于逻辑推理和假设构建的思维方式。它通过对问题进行深入的分析和理论构建，试图解释和理解事物的本质、原则和规律。理论思维注重从宏观角度把握问题，通过思考、推理和归纳总结来形成理论模型。理论思维在许多学科领域都得到广泛应用，如哲学、数学、物理学等。

（2）实证思维：实证思维强调观察、实验和数据的收集与分析，它以实证为基础，通过现象观察和实证数据验证来获取知识和理解问题。实证思维注重从经验出发，通过观察和实验来获取客观的事实依据，通过数据分析和统计方法来得出结论。实证思维在自然科学、社会科学和应用科学等领域中都具有重要作用。

（3）计算思维：计算思维是一种基于计算机科学和信息技术的思维方式。它强调问题的抽象化、自动化和信息处理能力，在解决问题时利用计算机的特点和工具来进行计算、分析和模拟。计算思维注重通过编程和算法设计来解决问题，利用计算机的处理能力和存储能力来加速和优化解决方案。计算思维的特点包括算法化、可编程性和自动化，它强调对问题的形式化和计算化处理。计算思维在计算机科学、人工智能、数据科学和工程领域得到广泛应用。

计算思维

2. 计算思维的特征

计算思维是一种强调使用计算机和数学工具解决问题的思考方式。它包括两个主要的特征：抽象和自动化。

（1）抽象：抽象是计算思维中的重要概念，它指的是将问题或现实世界的复杂情境简化为适合进行计算和处理的形式。抽象可以通过建立模型、定义变量和参数等方式来实现。通过抽象，我们可以从复杂的问题中抽取关键信息，并提炼出问题的本质，使得问题更容易被计算机理解和处理。例如，在编程中，我们可以将一个复杂的任务分解为多个小的子任务进行处理，每个子任务都有其特定的抽象表示。抽象使得我们能够更加高效地解决问题，并且可以应用于各种不同的领域，如科学研究、工程设计、经济分析等。

（2）自动化：自动化是计算思维的另一个重要特征，它指的是利用计算机和算法来实现任务的自动执行。通过编写代码和使用计算机程序，我们可以将指令和步骤转化为计算机能够理解和执行的形式，从而实现任务的自动化。自动化减少了人工干预的需要，提高了效率和精度，减少了错误的可能性。例如，在数据分析中，我们可以编写脚本来读取和处理大量的数据，并自动进行统计和可视化。自动化使得复杂的任务变得简单和可靠，同时也释放出了人们更多的时间和精力去解决更加复杂和有挑战性的问题。

3. 计算思维和逻辑思维的区别与联系

计算思维和逻辑思维都是以推理和分析为基础的思维方式，但两者有不同的侧重点。计算思维着重于抽象、自动化和信息处理，通过程序设计来解决问题。而逻辑思维则强调思考方式、论证过程和规律性，通过逻辑推理和证明来解决问题。

在【例 9.1】的代码中，目标是求斐波那契数列中第 n 个数字。计算思维的解法是使用递归函数，通过自动化的方式计算出结果。而逻辑思维的解法是使用数学公式，通过推导证明得出结果。

4. 基于计算思维进行程序设计

基于计算思维进行程序设计是一种以问题解决为导向的方法。以下是基于计算思维进行程序设计的一般步骤：

（1）定义问题：首先要明确需要解决的问题是什么。具体描述问题的输入、输出以及所需的功能和限制。

（2）分析问题：通过对问题进行分析，了解问题的本质和特点。可以使用抽象化的方式，将问题转化为更易于理解和处理的形式。

（3）设计算法：根据问题的分析结果，设计解决该问题的算法。算法是一系列步骤和指令的集合，用来实现特定的功能。在算法设计过程中，要考虑算法的效率和正确性。

（4）编写代码：使用编程语言将算法转化为可执行的代码。根据所选择的编程语言，可以使用相应的语法和库函数实现算法所需的操作。

（5）调试和测试：运行程序，检查程序中可能存在的错误，并进行修复。通过测试输入数据，验证程序的准确性和稳定性。

（6）优化和改进：分析程序的性能和效果，寻找优化的空间。可以通过改进算法、改进数据结构或者改进代码实现来提高程序的效率和质量。

5. 计算思维的应用领域

计算思维可以应用于各个领域，以下是一些常见的应用领域：

（1）计算机科学和编程：计算思维是计算机科学和编程的核心思维方式。它帮助程序员分析问题、设计算法、实现代码以及优化程序性能。

（2）数据科学和数据分析：计算思维在数据科学和数据分析中起着重要作用。它能够帮助人们从大量数据中提取有价值的信息、发现模式和关联，并进行统计建模和预测分析。

（3）科学研究：计算思维在各个科学领域中都有广泛应用。科学家可以使用计算思维来构建数值模型、模拟和验证科学假设，以及处理和分析实验数据。

（4）工程设计和优化：计算思维对于工程设计和优化也具有重要意义。它可以帮助工程师进行系统建模、设计优化算法、进行仿真和测试，以及进行产品性能评估和改进。

（5）市场营销和商业分析：计算思维能够帮助市场营销人员和商业分析师通过分析大量的市场数据和用户行为数据，及时发现商机、制定营销策略、优化产品定价和推广活动。

9.2　Python计算生态

9.2.1　Python标准库

【例 9.2】在图形界面中输入两个数字，调用 random 库，随机产生介于这两个数字之间的随机数。

程序代码：

```
import random as rd
import tkinter as tk
root = tk.Tk()
root.title('随机生成数字')
root.geometry('400x300')
root.resizable(width=True, height=True)
def randnum():
    a=float(num1.get())
    b=float(num2.get())
    lb.configure(text=rd.randint(b, a))
lb=tk.Label(root,text='',height=5,width=10,font=('华文仿宋',15),relief=
'sunken')
lb.place(relx=0.3,rely=0)
lb1=tk.Label(root,text='请输入最大值',fg='blue',font=('华文仿宋',12))
lb1.place(relx=0.1,rely=0.5)
num1=tk.Entry(root)
num1.place(relx=0.5,rely=0.5)
lb2=tk.Label(root,text='请输入最小值',fg='blue',font=('华文仿宋',12))
lb2.place(relx=0.1,rely=0.65)
num2=tk.Entry(root)
num2.place(relx=0.5,rely=0.65)
btn1=tk.Button(root,text='产生随机数',command=randnum)
btn1.place(relx=0.4,rely=0.8)
root.mainloop()
```

运行情况（见图 9-1）：

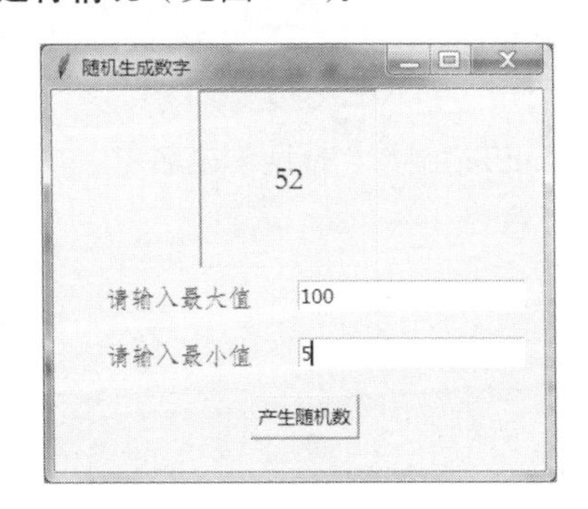

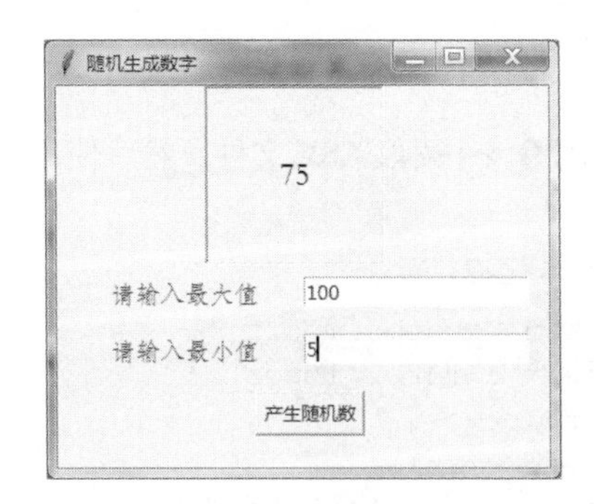

图9-1　产生随机数

【例 9.3】实现简单的随机产生学生名单的系统。读取 CSV 文件，然后使用 random 库中的

choice()函数，随机选择学生姓名并显示。

程序代码：

```
import random
import tkinter as tk
import csv
root = tk.Tk()
root.title('随机产生学生姓名')
root.geometry('600x500')
root.resizable(width=True, height=True)
def randname():
    text.insert(tk.INSERT,random.choice(final_list)[0])
    text.insert(tk.INSERT,'\n')
csvreader = csv.reader(open('考试分数.csv', 'r'))
file_list = list(csvreader)
final_list=file_list[1:len(file_list)]
sbar = tk.Scrollbar(root)
sbar.pack(side = tk.RIGHT, fill = tk.Y)
text = tk.Text(root,yscrollcommand = sbar.set)
text.pack(expand = tk.YES,fill = tk.X)
sbar.config(command = text.yview)
btn1=tk.Button(root,text='随机选择学生姓名',command=randname)
btn1.pack()
root.mainloop()
```

运行情况（见图 9-2）：

图9-2　随机选择学生姓名

【例 9.4】读取 CSV 文件，然后使用 random 库中的 shuffle()函数，打乱学生名单，并显示学生的成绩。

程序代码：

```
from random import *
from tkinter import *
import csv
root = Tk()
root.title('打乱学生名单')
root.geometry('600x500')
root.resizable(width=True, height=True)
```

```
def shuffname():
    text.delete(1.0,END)
    text.insert(INSERT,final_list[0])
    text.insert(INSERT,'\n')
    shuff_list=final_list[1:len(final_list)]
    shuffle(shuff_list)
    for i in range(0,len(shuff_list)):
        text.insert(INSERT,shuff_list[i])
        text.insert(INSERT,'\n')
csvreader = csv.reader(open('考试分数.csv', 'r'))
final_list = list(csvreader)
sbar = Scrollbar(root)
sbar.pack(side = RIGHT, fill = Y)
text = Text(root,yscrollcommand = sbar.set)
text.pack(expand = YES,fill = X)
sbar.config(command = text.yview)
btn1=Button(root,text='打乱学生名单',command=shuffname)
btn1.pack()
root.mainloop()
```

运行情况（见图 9-3）：

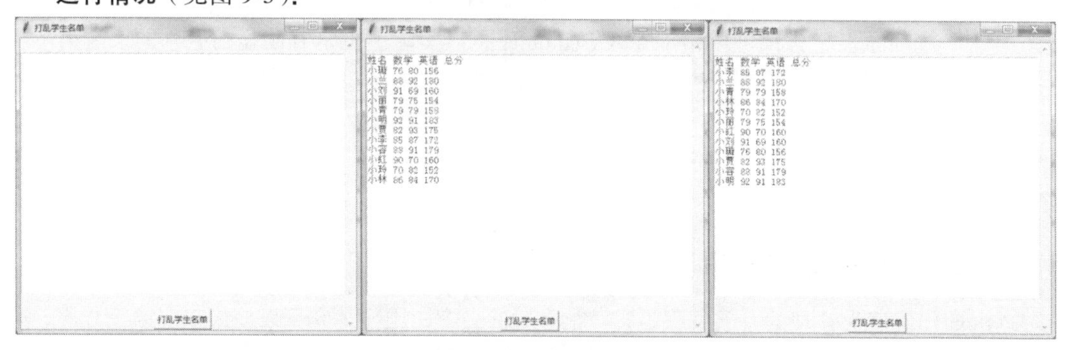

图9-3 随机选择学生姓名

1. 标准库

安装 Python 的时候，有不少模块也随之安装到本地计算机上，我们能够免费使用这些模块。那些在安装 Python 时就默认已经安装好的模块被称为“标准库”，熟悉使用标准库，是 Python 开发必须掌握的技能之一。表 9-1 所示为常用的标准库名称及作用。

表 9-1 常用的标准库名称及作用

名　称	作　用
datetime	为日期和时间处理同时提供了简单和复杂的方法
zlib	直接支持通用的数据打包和压缩格式：zlib、gzip、bz2、zipfile，以及 tarfile
random	提供了生成随机数的工具
math	为浮点运算提供了对底层 C 函数库的访问
sys	工具脚本经常调用命令行参数。这些命令行参数以链表形式存储于 sys 模块的 argv 变量
glob	提供了一个函数用于从目录通配符搜索中生成文件列表
os	提供了不少与操作系统相关联的函数

【例 9.2】～【例 9.4】中使用的 random 库，其中包含返回随机数的函数。例如，randint(a,b) 函数用于生成一个指定范围内的整数，其中参数 a 是下限，参数 b 是上限；choice(seq)函数用于从序列 seq 中返回随机的元素；shuffle(seq)函数可以用于随机打乱序列 seq 中的元素。

2. 标准库的导入方式

从【例 9.2】～【例 9.4】可以注意到，我们采用了 import random as rd、import random 和 from random import *三种方式导入 random 库。实际上，在实际应用中可以选择任意一种方式导入库。但是，在这三种导入方式下，如何使用标准库中的函数却是大不一样的。

在第一种情况下，我们使用“import 模块名 as 别名”的方式导入库。使用这种语法格式的 import 语句，会导入指定模块中的所有成员（包括变量、函数、类等）。不仅如此，当需要使用模块中的成员时，需用该模块名的别名作为前缀，否则 Python 解释器会报错。

同样的，如果使用“import 模块名”的方式导入库，那么在使用模块成员时就需要用该模块名作为前缀。

在第三种情况下，我们使用“from 模块名 import 成员名”的方式导入库。使用这种语法格式的 import 语句，会导入模块中指定的成员，如果使用“*”则导入全部成员。同时，当程序中使用该成员时，无须附加任何前缀，直接使用成员名即可。

虽然这三种导入方式都可以用于导入 Python 库，但实际上也是有明显的区别的。在第一种和第二种情况下，我们需要使用模块中的成员时，需用该模块名的模块名（或别名）作为前缀。如果一段程序中需要使用多个 Python 库，而库中包含一样的函数名，那么如果采用这两种方式，就可以很明确地标注出到底使用的是哪个库中的函数，避免发生错乱。而在第三种情况下，则会出问题。

9.2.2 Python第三方库

Python 作为广受欢迎的一门编程语言，很重要的一个原因便是它可以使用很多第三方库。第三方库是一些 Python 爱好者和研发机构，为满足某一特定应用领域的需要，使用 Python 语言编写的具有特定功能的类与方法的集合。例如，为了让 Python 能够更方便地进行矩阵运算，NumPy 库应运而生。通过调入 NumPy 库，Python 语言能够像 Matlab 语言一样轻而易举地通过矩阵处理批量数据。也正是拥有这些第三方库，使得 Python 拥有庞大的计算生态，从游戏制作到数据处理，再到数据可视化分析，等等，这些计算生态，为 Python 使用者提供了更加便捷的操作，以及更加灵活的编程方式。

视 频

Python 第三方库

下面，我们从解决问题的角度简单地介绍一下常用的第三方库。

1. 网络爬虫

Python 网络爬虫是一种按照一定的规则，自动地抓取万维网信息的程序或脚本。使用网络爬虫可以抓取到证券交易数据、天气数据、网站用户数据和图片数据等。Python 为支持网络爬虫功能的实现，开发了大量第三方库，主要有以下几种类型：requests、grab、pycurl、urllib3、httplib2、RoboBrowser、MechanicalSoup、mechanize、socket、Unirest for Python、hyper、PySocks、treq 及 aiohttp 等。

2. Web 开发

Python 有很多 Web 开发第三方库，几行代码就能生成一个功能齐全的 Web 服务。常用的

Web 开发第三方库有：最流行的 Web 应用框架 Django，基于 Python 的面向对象的 HTTP 框架 Cherry Py，适合开发轻量级的 Web 应用的框架 Flask 以及 Pyramid 和 Turbo Gear 等。

3. 数据分析

Python 语言用来做数据分析非常强大，但是在性能上或者方便程度上还不够，所以各种第三方数据分析模块和库就应运而生。Python 有很多数据分析第三方库，例如：

- NumPy：基于矩阵的数学计算库。
- pandas：基于表格的统计分析库。
- SciPy：科学计算库，支持高阶抽象和复杂模型。
- statsmodels：统计建模和计量经济学工具包。

4. 机器学习

Python 目前集成了大量的机器学习框架，其中常用机器学习库如下：

- Scikit-Learn：基于 NumPy 和 SciPy，提供了大量用于数据挖掘和数据分析的工具，包括数据预处理、交叉验证、算法与可视化算法等一系列接口。
- Tensorflow：最初由谷歌机器智能科研组织中的谷歌大脑团队（Google Brain Team）的研究人员和工程师开发。该系统设计的初衷是为了便于机器学习研究，能够更快更好地将科研原型转化为生产项目。
- MXNet：基于神经网络的机器学习计算框架。

5. 游戏开发

Python 中也有一些针对游戏开发的第三方库，具体如下：

- PyGame：简单的游戏开发功能库。
- Panda3D：开源、跨平台的 3D 渲染、游戏开发平台。
- cocos2d：开发 2D 游戏和图形界面交互式应用的开发框架。

6. 数据可视化

数据可视化是展示数据、理解数据的有效手段，常用的 Python 数据可视化库如下：

- Matplotlib：第一个 Python 可视化库，有许多别的程序库都是建立在其基础上或者直接调用该库。
- Seaborn：利用了 Matplotlib，用简洁的代码来制作好看的图表。与 Matplotlib 最大的区别是默认绘图风格和色彩搭配都具有现代美感。
- ggplot：基于 R 的一个作图库 ggplot2，允许叠加不同的图层来完成一幅图，并不适用于制作非常个性化的图像，为操作的简洁度而牺牲了图像的复杂度。
- Bokeh：与 ggplot 不同之处为它完全基于 Python 而不是从 R 处引用。长处在于能用于制作可交互、可直接用于网络的图表。
- Plotly：可以通过 Python notebook 使用，与 Bokeh 一样致力于交互图表的制作，但提供在别的库中几乎没有的几种图表类型，如等值线图、树形图和三维图表。
- Pygal：与 Bokeh 和 Plotly 一样，提供可直接嵌入网络浏览器的可交互图像。与其他两者的主要区别在于可将图表输出为 SVG 格式，所有的图表都被封装成方法，且默认的风格也很漂亮，用几行代码就可以很容易地制作出漂亮的图表。

● geoplotlib：用于制作地图和地理相关数据的工具箱。可用来制作多种地图，比如等值区域图、热度图、点密度图。必须安装 Pyglet（一个面向对象编程接口）方可使用。

7. 其他常用第三方库

（1）分词——jieba 库

jieba 是一款高效中文分词库，支持多种语言，高度可定制，易于使用。它通过精确模式、全模式和搜索引擎模式等分词模式，对中文文本进行高效切分，广泛应用于自然语言处理和文本分析领域。此外，jieba 提供了丰富的文本处理功能，如词性标注、关键词提取、情感分析等。简洁明了的 API 和文档使得用户可以轻松集成到 Python 应用程序中。jieba 还支持多平台使用，与其他编程语言交互。总之，jieba 是功能强大、易用且灵活的中文分词工具。

（2）词云——wordcloud

wordcloud 库，可以说是 Python 非常优秀的词云展示第三方库。词云以词语为基本单位，更加直观和艺术地展示文本词云图，又称文字云，是对文本中出现频率较高的“关键词”予以视觉化的展现，词云图过滤掉大量的低频低质的文本信息，使得浏览者只要一眼扫过文本就可领略文本的主旨。

9.3 第三方库的安装与使用方法

【例 9.5】输入一段英文文本，生成词云图。

程序代码：

```
import matplotlib.pyplot as plt
from wordcloud import WordCloud
# 定义文本
text = input()
# 创建词云对象
wordcloud = WordCloud(width=400, height=400).generate(text)
# 绘制词云图
plt.figure(figsize=(10, 5))
plt.imshow(wordcloud, interpolation='bilinear')
plt.axis('off')
plt.show()
```

运行情况（见图 9-4）：

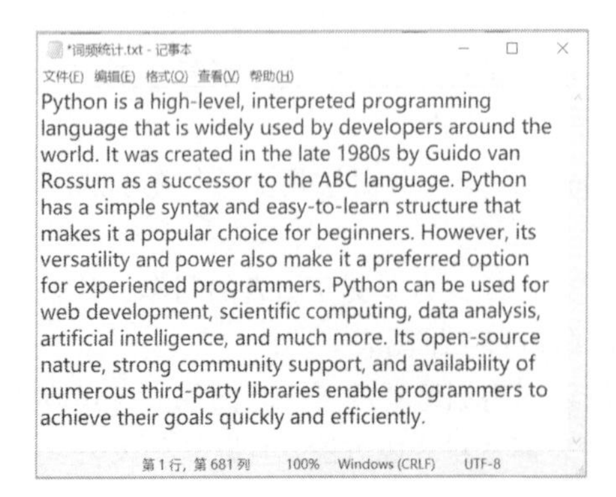

图9-4 词频统计

第三方库的获取与安装

Python 语言提供了很多的第三方库，因为在这些第三方库中集成了非常多的实现特定功能的类与方法，因此使用这些第三方库可以大大降低编程的复杂度。但是，如果要使用这些第三方库，需要先获取并安装这些库。

视　频

第三方库的安装与使用

首先，我们以 wordcloud 库为例，介绍如何获取并安装第三方库。

（1）pip 命令行直接安装

打开 cmd 命令窗口，通过命令“pip install 库名”进行第三库的安装，如图 9-5 所示。此方法简单快捷，也是最常用的安装第三方库的方式。

安装成功后可以通过命令“pip list”查看已安装的第三库列表，如图 9-6 所示。

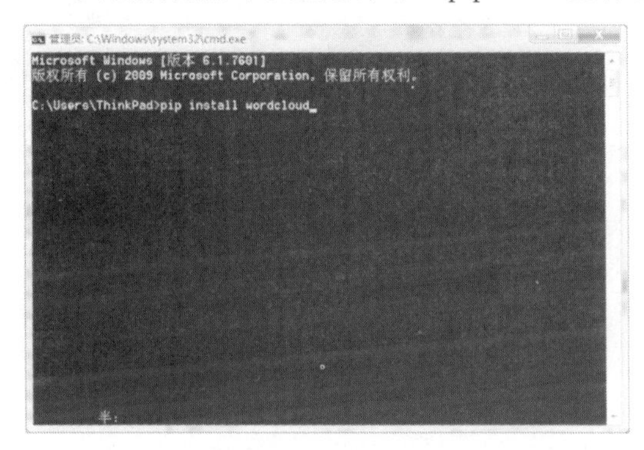

图9-5　安装第三方库

```
管理员: C:\Windows\system32\cmd.exe
Microsoft Windows [版本 6.1.7601]
版权所有 (c) 2009 Microsoft Corporation。保留所有权利。

C:\Users\ThinkPad>pip list
Package          Version
---------------  ---------
-ip              20.2.2
certifi          2020.6.20
cycler           0.10.0
jieba            0.42.1
kiwisolver       1.2.0
matplotlib       3.3.1
numpy            1.19.1
pandas           1.1.2
Pillow           7.2.0
pip              20.2.3
pyparsing        2.4.7
python-dateutil  2.8.1
pytz             2020.1
setuptools       40.8.0
six              1.15.0
wordcloud        1.8.0

C:\Users\ThinkPad>
```

图9-6　查看第三方库

（2）手动安装 Python 第三方库

下面介绍手动安装的方法。如果使用 pip 安装有问题，可以通过手动安装的方式下载并安装第三方库。

先打开一个 Python 软件的扩展库网址，然后在网页上找到需要安装的第三方扩展库的位置，例如要安装 wordcloud 库，如图 9-7 所示。

根据计算机的系统信息（如 Windows 的 64 位操作系统）和 Python 软件的版本（Python3.7），下载对应的扩展库，如图 9-8 所示。

Wordcloud: a little word cloud generator.
- wordcloud-1.8.0-cp39-cp39-win_amd64.whl
- wordcloud-1.8.0-cp39-cp39-win32.whl
- wordcloud-1.8.0-cp38-cp38-win_amd64.whl
- wordcloud-1.8.0-cp38-cp38-win32.whl
- wordcloud-1.8.0-cp37-cp37m-win_amd64.whl
- wordcloud-1.8.0-cp37-cp37m-win32.whl
- wordcloud-1.8.0-cp36-cp36m-win_amd64.whl
- wordcloud-1.8.0-cp36-cp36m-win32.whl
- wordcloud-1.6.0-cp35-cp35m-win_amd64.whl
- wordcloud-1.6.0-cp35-cp35m-win32.whl
- wordcloud-1.6.0-cp27-cp27m-win_amd64.whl
- wordcloud-1.6.0-cp27-cp27m-win32.whl
- wordcloud-1.5.0-cp34-cp34m-win_amd64.whl
- wordcloud-1.5.0-cp34-cp34m-win32.whl

图9-7　wordcloud库

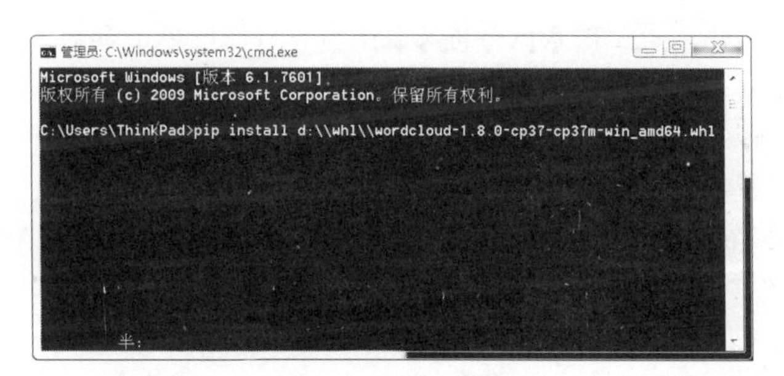

图9-8　下载对应的扩展库

最后通过命令再次查看安装第三方库的列表信息。

9.4 分词——jieba

9.4.1 基于jieba库的分词

【例 9.6】使用 jieba 库完成分词。

程序代码：

```
import jieba
text = "我爱自然语言处理"
seg_list = jieba.cut(text, cut_all=False)
print("精确模式分词结果: ", "/".join(seg_list))
seg_list = jieba.cut(text, cut_all=True)
print("全模式分词结果: ", "/".join(seg_list))
seg_list = jieba.cut_for_search(text)
print("搜索引擎模式分词结果: ", "/".join(seg_list))
```

运行情况：

```
精确模式分词结果:  我/爱/自然语言/处理
全模式分词结果:  我/爱/自然/自然语言/语言/处理
搜索引擎模式分词结果:  我/爱/自然/语言/自然语言/处理
```

1. jieba 库

jieba 是一个开源的中文分词工具库，它基于 Python 实现，并且支持简体中文、繁体中文、英文等多种语言的分词。jieba 具有高效、准确和易用的特点，被广泛应用于中文文本处理、自然语言处理等领域。

在使用 jieba 库完成分词之前，需要先导入该第三方库，然后我们调用 jieba.cut()函数进行分词。最后，通过"/".join(seg_list)将分词结果拼接成字符串输出。

2. 如何实现分词

jieba 是目前流行的 Python 中文分词组件，它支持分词、关键词提取、词性标注以及获取词语位置等功能。jieba 库支持三种分词模式：精确模式、全模式、搜索引擎模式，这三种模式在分词结果和速度上有所不同。

（1）精确模式：精确模式是默认的分词模式，它试图将文本精确地切分成词语。

（2）全模式：全模式试图将文本中所有可能的词语都扫描出来，速度较快但可能会产生冗余的词语。

（3）搜索引擎模式：搜索引擎模式在精确模式的基础上，对长词再次切分，适合搜索引擎构建倒排索引的需要。

使用 jieba 库进行分词，首先需要安装第三方库，才可以导入库并使用类和函数。jieba 库中常用的函数见表 9-2。

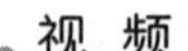
视 频

jieba 库的使用

表 9-2 jieba 库的常用函数

函数	描述
jieba.cut(s)	精确模式，返回一个可迭代的数据类型
jieba.cut(s,cut_all=True)	全模式，输出文本 s 中所有可能单词
jieba.cut_for_search(s)	搜索引擎模式，适合搜索引擎建立索引的分词结果
jieba.Icut(s)	精确模式，返回一个列表类型
jieba.Icut(s,cut_all=True)	全模式，返回一个列表类型
jieba.Icut_for_search(s)	搜索引擎模式，返回一个列表类型
jieba.add_word(w)	向分词词典中增加新词

9.4.2 添加自定义字典

【例 9.7】添加自定义字典后再完成分词。

```
自定义字典中的内容为:
自然语言处理 10 n
jieba 5 n
Python 8 eng
```

程序代码：

```
import jieba
text = "我爱自然语言处理"
seg_list = jieba.cut(text, cut_all=False)
print("分词结果（未添加自定义字典）: ", "/".join(seg_list))
# 加载自定义字典
jieba.load_userdict("userdict.txt")
seg_list = jieba.cut(text, cut_all=False)
print("分词结果（添加自定义字典后）: ", "/".join(seg_list))
```

运行情况：

```
分词结果（未添加自定义字典）:  我/爱/自然语言/处理
分词结果（添加自定义字典后）:  我/爱/自然语言处理
```

知识要点

1. 添加自定义字典

jieba 库允许用户添加自定义的字典，以便更准确地进行分词。通过添加自定义字典，可以解决 jieba 分词库无法正确识别特定词语的问题。用户可以自己定义一些专业术语、人名、地名等词汇。要添加自定义字典，可以通过 jieba.load_userdict()函数来加载自定义字典文件。在上述代码中，我们首先调用 jieba 库的 cut()函数进行分词，并输出分词结果。然后，通过 jieba.load_userdict()函数加载自定义字典文件“userdict.txt”。最后，再次调用 cut()函数进行分词，输出添加自定义字典后的分词结果。

2. 自定义字典格式

自定义字典文件为纯文本文件，每行包含三个字段：词语、词频、词性。其中，词频和词性是可选的，如果没有设置则默认为 1 和空格。自定义字典文件“userdict.txt”第一行表示将"自然语言处理"添加到字典中，词频为 10，词性为名词。第二行表示将"jieba"添加到字典中，词频为 5，词性为名词。第三行表示将"Python"添加到字典中，词频为 8，词性为英文。

9.4.3 实现关键词提取

【例 9.8】 添加自定义字典后再完成分词。

```
自定义字典中的内容为:
自然语言处理 10 n
机器学习 8 n
研究 5 v
```

程序代码：

```
import jieba.analyse
text = "我非常热爱自然语言处理和机器学习方面的研究。"
keywords = jieba.analyse.extract_tags(text, topK=3)
print("关键词提取结果: ", keywords)
jieba.load_userdict("userdict.txt")
keywords = jieba.analyse.extract_tags(text, topK=3, allowPOS=('n', 'ns'))
print("关键词提取结果（仅保留名词）: ", keywords)
```

运行情况：

```
关键词提取结果: ['自然语言', '热爱', '机器']
关键词提取结果（仅保留名词）: ['自然语言处理', '机器学习', '方面']
```

知识要点

1. 关键词提取

jieba 库提供了关键词提取的功能，可以从一个文本中提取出关键词汇，有利于文本挖掘、情感分析、信息检索等领域的应用。jieba 使用 TF-IDF 算法进行关键词提取，默认返回 topK 个关键词。

关键词提取可以通过 jieba.analyse.extract_tags()函数实现，该函数接受两个参数：待提取关键词的文本（例如本例中的 text）和返回的关键词数量（例如本例中的 topK=3）。此外，也可以通过 allowPOS 参数来指定仅提取特定词性的关键词。

2. 限制待提取关键词的词性

如果想要添加用户自定义词典，可以按照【例 9.7】所述的方式添加自定义词汇。另外，用户也可以通过 allowPOS 参数来限制待提取关键词的词性。例如，我们首先调用 jieba.load_userdict()函数加载自定义字典文件“userdict.txt”。然后，通过 allowPOS=('n', 'ns')仅保留名词和地名作为关键词。

9.5 词云——wordcloud

【例 9.9】 输入文档，生成词云图。

程序代码：

```
import wordcloud        # 导入需要使用的第三方库
import jieba
import matplotlib.pyplot as plt
import matplotlib.image as im
```

```
    mk=im.imread("爱心.jpg")                        # 读入词云背景图片
    #相关参数设置
    pic=wordcloud.WordCloud(
        font_path = 'FZSTK.ttf',                    # 设置要使用的字体
        width=700,height=500,
        background_color='white',
        stopwords=['的','为了','是','了','在','这','那','又','甚至','将','和','与'],
        mask=mk
        )
    f=open('文本.txt','r',encoding='utf-8')          # 读入文件内容
    s=f.read()
    ls=jieba.lcut(s)                                # 进行分词
    txt=" ".join(ls)
    #使用分词后的结果，生成词云图
    pic.generate(txt)                               # 加载文本
    plt.imshow(pic)                                 # 绘制词云
    plt.axis('off')                                 # 关闭显示窗口中的坐标轴
    plt.show()                                      # 显示词云
    pic.to_file('中文词云.png')                      # 将词云对象保存为文件
    f.close()
```

运行情况（见图 9-9）：

文本.txt - 记事本

文件(F) 编辑(E) 格式(O) 查看(V) 帮助(H)

2022年人工智能领域发展七大趋势

有望在网络安全和智能驾驶等领域“大显身手”

人工智能已成为人类有史以来最具革命性的技术之一。“人工智能是我们作为人类正在研究的最重要的技术之一。它对人类文明的影响将比火或电更深刻”。2020年1月，谷歌公司首席执行官桑达尔·皮查伊在瑞士达沃斯世界经济论坛上接受采访时如是说。

美国《福布斯》网站在近日的报道中指出，尽管目前很难想象机器自主决策所产生的影响，但可以肯定的是，当时光的车轮到达2022年时，人工智能领域新的突破和发展将继续拓宽我们的想象边界，其将在7大领域“大显身手”。

增强人类的劳动技能

人们一直担心机器或机器人将取代人工，甚至可能使某些工种变得多余。但人们也将越来越多地发现，人类可借助

第1行，第1列　100%　Windows (CRLF)　UTF-8

（a）源文件

（b）词云背景图片

（c）词云图

图9-9　词云图生成

知识要点

1. wordcloud 库的安装和导入

wordcloud 是优秀的词云展示第三方库，可以更加直观和艺术地展示文本。首先，我们需要确保已经在系统中安装了 wordcloud 库。可以使用以下命令通过 pip 安装：

```
pip install wordcloud
```

视　频

wordcloud 词云库

安装完成后，可以将 wordcloud 库导入到 Python 脚本中：

```
import wordcloud
```

2. 创建词云对象

使用 wordcloud 库创建词云对象是生成词云图的第一步。可以通过 WordCloud 类来实现，该类提供了许多参数用于定制词云图的外观和行为。例如：

```
from wordcloud import WordCloud
# 创建一个空的词云对象
pic = WordCloud()
```

3. 生成词云图

创建词云对象后，接下来就是生成词云图。首先需要准备文本数据，可以是一个字符串，也可以是一个文本文件。然后调用 generate 方法生成词云图。下面是生成词云图的基本步骤：

```
from wordcloud import WordCloud
# 准备文本数据
text = "Python is a widely used programming language ..."
pic = WordCloud()                  # 创建词云对象
pic.generate(text)                 # 生成词云图
```

4. 定制词云图

可以通过一系列参数来定制词云图的外观和行为。表 9-3 是一些常用的 wordcloud 参数示例。

表 9-3　wordcloud 参数

参　数	描　述
width	设置词云图的宽度
height	设置词云图的高度
background_color	设置背景颜色
font_path	设置字体文件的路径
max_words	指定最多显示的词语数量
stopwords	设置需要屏蔽的词语列表
collocations	是否包括相邻词搭配

例如：

```
from wordcloud import WordCloud
# 准备文本数据
text = "Python is a widely used programming language ..."
# 创建词云对象并设置参数
pic = WordCloud(
    width=800,
    height=400,
    background_color='white',
    font_path='/path/to/font.ttf',
    max_words=100,
    stopwords=['a', 'is', 'widely'],
    collocations=False
)
# 生成词云图
```

```
pic.generate(text)
```

5. 显示和保存词云图

在生成词云图后，可以将词云图显示在Matplotlib的图像窗口中，也可以使用to_file方法将词云图保存为文件。例如：

```
import matplotlib.pyplot as pltfrom wordcloud import WordCloud
# 生成词云图（略）
# 显示词云图
plt.imshow(pic, interpolation='bilinear')
plt.axis('off')
plt.show()
# 保存词云图
pic.to_file('wordcloud.png')
```

6. 中文词云图显示

在处理中文文本时，我们需要先对文本进行分词，然后再根据分好的词生成词云图。在【例9.9】中，我们使用jieba.cut函数对文本进行分词，并将分词结果用空格拼接成字符串，再使用wordCloud库生成词云图。需要注意的是，生成中文词云时，由于语言特性，可能需要添加一些停用词（如“的”“了”等常见无实际意义的词），以过滤掉这些频率较高但信息量较低的词语，提高词云图的可读性。

9.6 数据分析——NumPy

9.6.1 NumPy数组的创建

【例9.10】安装NumPy第三方库，并使用NumPy提供的函数创建数组。

程序代码：

```
import numpy as np
# array函数创建数组
array_1 = np.array([1, 2, 3])
array_2 = np.array([[1, 2], [3, 4]])
# zeros和zeros_like创建数组
array_1_0=np.zeros(6)
array_2_0 = np.zeros((2, 3))
array_like_0 = np.zeros_like(array_2)
# ones和ones_like创建数组
array_1_1 = np.ones(6)
array_2_1 = np.ones((2, 3))
array_like_1 = np.ones_like(array_2)
# empty和empty_like创建数组
array_1_e = np.empty(6)
array_2_e = np.empty((2, 3))
array_like_e = np.empty_like(array_2)
# arrange和linspace创建数组
array_ara = np.arange(10)
array_lin = np.linspace(1,100,10)
# 输出结果
print("创建一维数组，并指定元素：",array_1)
print("创建二维数组，并指定元素：",array_2)
```

```
    print("创建全零一维数组: ",array_1_0)
    print("创建全零二维数组: ",array_2_0)
    print("根据已有数组创建全零数组: ",array_like_0)
    print("创建全一一维数组: ",array_1_1)
    print("创建全一二维数组: ",array_2_1)
    print("根据已有数组创建全一数组: ",array_like_1)
    print("创建一维空数组: ",array_1_e)
    print("创建二维空数组: ",array_2_e)
    print("根据已有数组创建空数组: ",array_like_e)
    print("创建数组: ",array_ara)
    print("创建等差数列: ",array_lin)
```

运行情况：

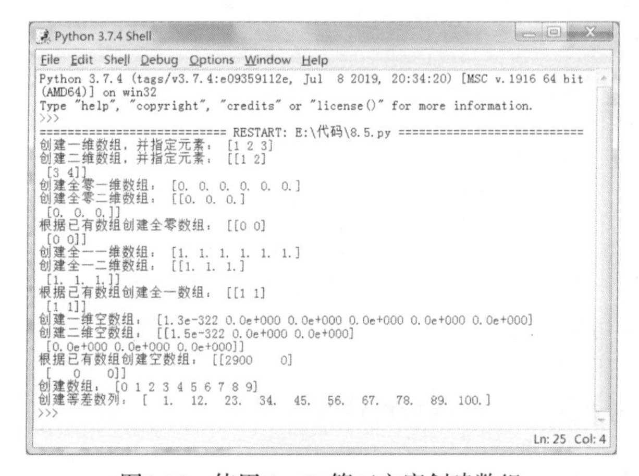

图9-10　使用NumPy第三方库创建数组

知识要点

1. 第三方库的获取与安装

Python 中的 list 列表容器也可以当作数组使用，但列表中保存的是对象的指针，因此一个简单的列表就需要多个对象和多个指针表示。对于数值运算来说，这种结构显然不够高效。此外，Python 虽然也提供了 array 模块，但只支持一维数组，不支持多维数组，也没有各种运算函数，因而不适合数值运算。NumPy 库的出现，弥补了 Python 在数值运算方面的不足。

使用 NumPy 库之前，需要安装该第三方库。推荐使用 pip 命令行直接安装。

2. 创建数组

NumPy 库中可以用于创建数组的函数有很多，这里我们通过举例介绍几种创建数组的函数。

（1）array()函数

使用 NumPy 的 array()函数可以从 Python 列表中创建数组，数组类型由列表中的数据类型确定。array()函数要求传入 Python 列表数据，传入 Python 列表数据的嵌套层次决定了创建数组的维数，因此通过使用 array()函数可以创建任意维度的数组。

（2）zeros()和 zeros_like()函数

zeros()函数用于创建数组元素全为零的数组，调用方法：zeros(shape, dtypc=float)，其中 shape 为数据尺寸，例如 zeros(5)创建包含五个元素的全零数组，zeros(2,3)创建 2 行 3 列的全零数组；dtype 指定数据类型，默认 dtype=float。

zeros_like()函数调用方法：zeros_like(W)，实现构造一个新的数组，该数组维度与数组 W 一致，并为其初始化为全 0。

（3）ones()和 ones_like()函数

ones()函数用于创建数组元素全为 1 的全一数组。与 zeros()函数一样，ones()函数的调用方法：ones(shape, dtype=float)，其中 shape 为数据尺寸，dtype 指定数据类型，默认 dtype=float。

ones_like()函数调用方法：ones_like(W)，用于构造一个与给定矩阵 W 具有相同形状的全 1 矩阵。

（4）empty()和 empty_like()函数

empty()函数用于创建空数组。empty()函数的调用方法：empty(shape, dtype=float)，其中 shape 为数据尺寸，dtype 指定数据类型，默认 dtype=float。

empty_like()函数调用方法：empty_like(W)，实现构造一个新的数组，该数组维度与数组 W 一致。

这里需要注意的是，使用 empty()函数创建数组不像 zeros 或者 ones 那样，并不会将数组的元素值设定为规定值，而是要求用户人为地给数组中的每一个元素赋值。之所以直接输出后有值，实际上采用的是保存在内存中的值，直到明确为其分配值为止。

（5）linspace()和 arange( )函数

linspace()通过指定开始值、终值和元素个数创建表示等差数列的一维数组。

arange()类似于内置函数 range()，通过指定开始值、终值和步长创建表示等差数列的一维数组。需要注意的是结果数组不包含终值。

9.6.2 NumPy数组变形

【例 9.11】使用 NumPy 提供的函数创建矩阵，并对矩阵进行变形。

程序代码：

```
import numpy as np
a=np.arange(10)
print('原矩阵: ',a)
print('原矩阵维度: ',a.shape)
b=a.reshape(2,5)
print('使用reshape函数调整后得到矩阵: ',b)
print('此时原矩阵: ',a)
c=a.resize(2,5)
print('使用resize函数调整后得到矩阵: ',c)
print('此时原数组: ',a)
d=a.ravel()
print('使用ravel函数将矩阵扁平化后得到: ',d)
print('此时原矩阵: ',a)
e=a.transpose()
print('使用transpose函数将原矩阵转置后得到: ',e)
```

运行情况（见图 9-11）：

```
Python 3.7.4 Shell
File Edit Shell Debug Options Window Help
Python 3.7.4 (tags/v3.7.4:e09359112e, Jul  8 2019, 20:34:20) [MSC v.1916 64 bit
(AMD64)] on win32
Type "help", "copyright", "credits" or "license()" for more information.
>>>
========================== RESTART: E:\代码\8.6.py ==========================
原矩阵： [0 1 2 3 4 5 6 7 8 9]
原矩阵维度： (10,)
使用reshape函数调整后得到矩阵： [[0 1 2 3 4]
 [5 6 7 8 9]]
此时原矩阵： [0 1 2 3 4 5 6 7 8 9]
使用resize函数调整后得到矩阵： None
此时原矩阵： [[0 1 2 3 4]
 [5 6 7 8 9]]
使用ravel函数将矩阵扁平化后得到： [0 1 2 3 4 5 6 7 8 9]
此时原矩阵： [[0 1 2 3 4]
 [5 6 7 8 9]]
使用transpose函数将原矩阵转置后得到： [[0 5]
 [1 6]
 [2 7]
 [3 8]
 [4 9]]
>>> |
Ln: 21 Col: 4
```

图9-11　基于NumPy库的数组变形

1. shape()函数

shape()函数是 numpy.core.fromnumeric 中的函数，它的功能是查看矩阵或者数组的维数。

2. reshape()和 resize()函数

两个函数都是改变数组的形状，但是 resize()函数是在本身上进行操作，reshape()函数返回的是修改之后的参数。例如，【例 9.11】中使用 reshape()函数对数组的维度进行调整后，发现原数组没有发生任何改变；而使用 resize()函数对数组的维度进行调整，发现原数组的维度发生了改变。

3. ravel()函数

使用 ravel()函数可以将数组进行扁平化，也就是变为一维数组。

4. transpose()函数

使用 transpose()函数，将原数组进行转置。

9.6.3 NumPy数组的运算

【例 9.12】使用 NumPy 提供的函数，创建数组，并对数组进行求取最小值、最大值、均值、排序等简单计算。

程序代码：

```
import numpy as np
n = np.array([[4, 2, 7],
             [3, 5, 1],
             [1, 4, 0]])
print('原数组',end='\n')
print(n)
print('最小值为: ',n.min())
print('最大值为: ',n.max())
print('数组均值为: ',n.mean())
print('数组元素之和为: ',n.sum())
print('数组元素按列求和: ',n.sum(axis=0))
print('数组元素按行求和: ',n.sum(axis=1))
```

```
print('-' * 20)
print('数组元素求幂次方: ',end="\n")
print(np.exp(n))
print('数组元素开方: ',end="\n")
print(np.sqrt(n))
print('-' * 20)
n_sort = np.sort(n)
n_x = np.sort(n, axis=1)
n_y = np.sort(n, axis=0)
print('直接排序结果: ',end="\n")
print(n_sort)
print('返回按行排序结果: ',end="\n")
print(n_x)
print('返回按列排序结果: ',end="\n")
print(n_y)
print('-' * 20)
n1 = np.random.random((2, 3)) * 10
n2 = np.floor(n1)
print('生成随机数组: ',end="\n")
print(n1)
print('返回不大于输入参数的最大整数: ',end="\n")
print(n2)
```

运行情况（见图 9-12）:

图9-12　基于NumPy库的数组计算

知识要点

1. min()和 max()函数

min()和 max()函数用于求解数组中的最小值和最大值。对于数组 *n* 求最大值或者最小值，其调用格式是：numpy.min(n,axis)/numpy.max(n,axis)，或者 n.min(axis)/n.max(axis)。

这两个函数的用法有下列几种形式：

（1）如果 axis 不设置值，那么返回的是整个数组中元素的最小值或最大值。

（2）如果用 numpy.min(n,axis=0)/numpy.max(n,axis=0)或者直接使用 n.min(0)/n.max(0)，那么返回的是每一列的最小值或最大值。

（3）如果用 numpy.min(n,axis=1)/numpy.max(n,axis=1)或者直接使用 n.min(1)/n.max(1)，那么返回的是每一行的最小值或最大值。

2. mean()函数

mean()函数的功能是求取均值。对数组 *n* 求均值，其调用格式是 numpy.mean(n,axis)或者 n.mean(axis)。与求最大值和最小值的函数一样，我们也可以指定参数 axis：

（1）axis 不设置值，对整个数组求均值，返回一个实数。

（2）如果用 numpy.mean(n,axis=0)或者直接使用 n.mean(0)，对各列求均值。

（3）如果用 numpy.mean(n,axis=1)或者直接使用 n.mean(1)，对各行求均值。

3. exp()和 sqrt()函数

exp()函数用于求解幂次方。对于数组 *n* 求幂次方，其调用格式是 numpy.exp(n)，也就是对数组中的每个元素 *m*，求解 e^m 。

sqrt()函数用于求解开方。对于数组 *n* 求开方，其调用格式是 numpy.sqrt(n)，也就是对数组中的每个元素计算其算术平方根。

4. sum()函数

sum()函数的功能是求取数组元素的和，其调用格式是 numpy.sum(n,axis)或者 n.sum(axis)。对于 sum()函数，也可以指定参数 axis，从而获得不同的求和结果：

（1）axis 不设置值，对整个数组元素求和，返回一个实数。

（2）如果用 numpy.sum(n,axis=0)或者直接使用 n.sum(0)，按列求和，也就是返回每列元素的和。

（3）如果用 numpy.sum(n,axis=1)或者直接使用 n.sum(1)，按行求和，也就是返回每行元素的和。

5. sort()函数

sort()函数返回输入数组的排序副本，其调用格式是 numpy.sort(n, axis)。其中，n 是要排序的数组，axis 是沿着它排序数组的轴。

（1）axis 不设置值，数组会被展开，沿着最后的轴排序。

（2）如果用 numpy.sort(n, axis=0)，按列排序。

（3）如果用 numpy.sort(n, axis=1)，按行排序。

6. floor()函数

numpy.floor()函数返回不大于输入参数的最大整数，也就是向下取整。

9.7 数据可视化——Matplotlib

Matplotlib 绘图库是基于 Python 语言的开源项目，十分适合交互式地进行制图，也可以将它作为绘图控件，嵌入 GUI 应用程序中。

9.7.1　绘制折线图

【例 9.13】 根据“12 个月降水量统计”数据，绘制出简单折线图，直观显示降水量的变化。在图中增加标题“12 个月降水量统计”，横轴显示月份，纵轴显示该月份的降水量信息。

程序代码：

```
import numpy as np
import matplotlib.pyplot as plt
file_path = "12个月降水量统计.csv"                    # 数据存储路径
data = np.loadtxt(file_path,delimiter=",",dtype="str")
data_axis=data[0]
data_pre=data[1:]
pre=[]
mon=[]
for i in range(len(data_pre)):
    mon.append(data_pre[i][0])
    pre.append(data_pre[i][1])
ave_pre=np.array(pre).astype(float).mean()
plt.title('12个月降水量统计',fontsize=20,fontweight='bold')
plt.rcParams['font.sans-serif'] = ['SimHei'] # 用来正常显示中文标签
plt.xlabel('月份',fontsize=15)
plt.ylabel('降水量',fontsize=15)                      # 也可以直接显示中文
plt.axis([0, 12, 0, 60])
plt.plot(mon,list(map(float, pre)),'r')
plt.axhline(y=ave_pre,linestyle="--",color="gray")
plt.show()
```

运行情况（见图 9-13）：

	A	B
1	月份	降水量
2	1	1.6
3	2	2.1
4	3	3.6
5	4	10.3
6	5	15.2
7	6	44.6
8	7	55.2
9	8	49.6
10	9	23.1
11	10	3.5
12	11	2.1
13	12	1.5

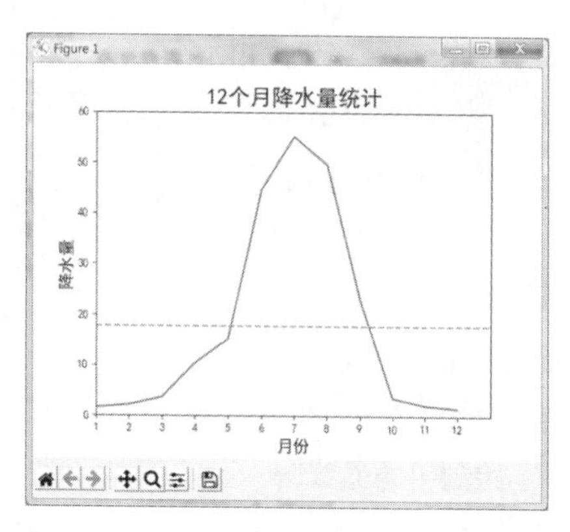

图9-13　12月降水量统计

知识要点

1. 导入 pyplot 包

通过 import matplotlib.pyplot as plt 可以导入 pyplot 数据可视化包。Matplotlib 是 Python 的绘图库，其中的 pyplot 包封装了很多画图的函数。Matplotlib.pyplot 包含一系列类似 Matlab 中绘图函数的相关函数。使用 Matplotlib.pyplot 中的函数可以对当前的图像进行一些修改，例如创建一幅图，在图中创建一个绘图区域，在绘图区域中添加一条线等。

2. 读取数据

对 CSV 数据的获取通常会用到 numpy 模块的 loadtxt()方法，以及在 numpy 基础上的 pandas 模块。这里先介绍 loadtxt()方法，它的调用格式为：numpy.loadtxt(fname, dtype=, delimiter=None,...)，其中，fname 用于指定 CSV 文件的路径，dtype 指定读取后数据的数据类型，delimiter 指定读取文件中数据的分隔符。

3. 绘制折线图——plot()

散点图和折线图是数据分析中最常用的两种图形。其中，折线图用于分析自变量和因变量之间的趋势关系，最适合用于显示随着时间而变化的连续数据，同时还可以看出数量的差异及增长情况。

pyplot 包里面的 plot()函数可以用来绘制线型图，基本用法是：matplotlib.pyplot.plot(x,y)，也就是根据数据(x,y)绘制了一条折线。在【例 9.13】中，x 就是月份信息，y 就是每个月对应的降水量信息，根据这两个维度的信息绘制出折线，以观察降水量随季节或时间的变化趋势。

与 Matlab 中类似，我们还可以用字符来指定绘图的格式。我们可以通过使用 plt.plot(x,y,[fmt]) 语句指定绘图格式，可选参数[fmt]是一个定义图的基本属性的字符串，由颜色（color）、点型（marker）、线型（linestyle）组成，具体形式为 fmt = '[color][marker][line]'。例如，【例 9.13】中使用 plt.plot(x,y,'r')，绘制出红色的折线图，plot(x,y,'bo')表示用蓝色圆点绘制图形。

4. 设置图像标题

使用 plt.title("title")可以设置图像标题。此外，还可以通过指定 fontsize、fontweight 等参数改变标题的样式。

但是因为 Matplotlib 默认字体并不包含中文，因此，当标题中包含中文字符时就会出现乱码现象。针对于此，在代码中加入一行 plt.rcParams['font.sans-serif'] = ['SimHei']，指定默认字体为黑体，就可以解决中文乱码的问题。这里我们可以使用其他的字体。

5. 设置坐标轴的范围

与 Matlab 类似，可以使用 axis()函数指定坐标轴显示的范围：plt.axis([xmin, xmax, ymin, ymax])。

6. 设置坐标轴的标题

使用 plt.xlabel(" title ")和 plt.ylabel(" title ")可以为图像设置横纵坐标标题。

7. 绘制平均值线

使用 plt.axhline(y=*, color=*, linestyle=*, linewidth=*)绘制水平线，其中 y 表示水平参考线的出发点，color 为参考线的线条颜色，linestyle 为参考线的线条风格，linewidth 为参考线的线条宽度。

同样的，我们可以使用 axvline()函数绘制垂直线。

8. 显示图形——show()

调用 pyplot.show()函数显示图形。如果从源程序中去掉该语句，那么绘制出的图形将不能显示。在用 Python 中的 Matplotlib 画图时，show()函数总是要放在最后。

9.7.2 绘制子图

【例 9.14】使用折线图和饼图绘制“12 个月降水量统计”数据，并且使用子图展示。

程序代码：

```
import numpy as np
import matplotlib.pyplot as plt
file_path = "12个月降水量统计.csv"                        # 数据存储路径
data = np.loadtxt(file_path,delimiter=",",dtype="str")
data_axis=data[0]
data_pre=data[1:]
pre=[]
mon=[]
for i in range(len(data_pre)):
    mon.append(data_pre[i][0])
    pre.append(data_pre[i][1])
ave_pre=np.array(pre).astype(float).mean()
plt.rcParams['font.sans-serif'] = ['SimHei']         # 用来正常显示中文标签
plt.figure()
# 绘制折线
plt.subplot(1,2,1)
plt.title('12个月降水量统计',fontsize=20,fontweight='bold')
plt.xlabel('月份',fontsize=15)
plt.ylabel('降水量',fontsize=15)                         # 也可以直接显示中文
plt.axis([0, 12, 0, 60])
plt.plot(mon,list(map(float, pre)),'r')
plt.axhline(y=ave_pre,linestyle="--",color="gray")
# 绘制饼图
plt.subplot(1,2,2)
plt.title('12个月降水量',fontsize=20,fontweight='bold')
plt.axis('equal')                                       # 使饼图长宽相等
plt.pie(x=list(map(float, pre)),labels=mon,autopct='%1.1f%%')
plt.show()
```

运行情况（见图 9-14）：

	A	B
1	月份	降水量
2	1	1.6
3	2	2.1
4	3	3.6
5	4	10.3
6	5	15.2
7	6	44.6
8	7	55.2
9	8	49.6
10	9	23.1
11	10	3.5
12	11	2.1
13	12	1.5

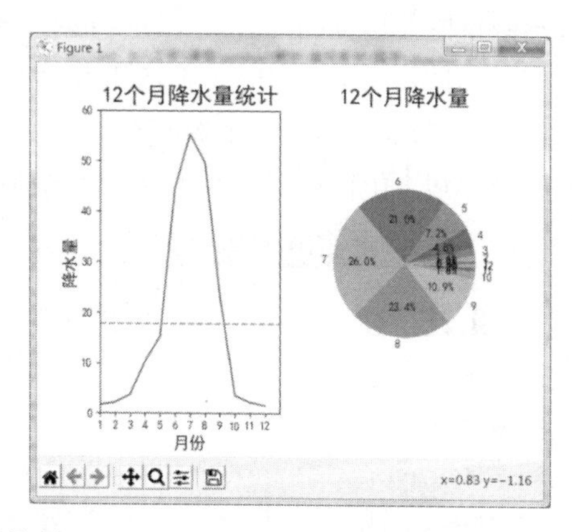

图9-14　子图绘制

知识要点

1. 创建绘图对象——figure()

Matplotlib 中所有图像都是位于面板（figure）对象中的，一个图像只能有一个 figure 对象。该函数调用格式为：matplotlib.pyplot.figure(num=None, figsize=None, dpi=None, facecolor=None, edgecolor=None, frameon=True, FigureClass=<class 'matplotlib.figure.Figure'>, clear=False,**kwargs)，一般可不指定任何参数直接调用。下面介绍主要的几个参数：

（1）num：这个参数可以将其理解为窗口的属性 id，即该窗口的身份标识。num 是一个可选参数，如果不提供该参数，则创建窗口的时候该参数会自增。

（2）figsize：可选参数，指定面板的长宽，若不提供则使用默认值。例如，figsize=(4,4)表示创建一个长 4 英寸、宽 4 英寸的窗口。

（3）dpi：可选参数，表示该窗口的分辨率，若不提供则使用默认值。

（4）facecolor：可选参数，表示窗口的背景颜色，通过 RGB 设置颜色，范围是'#000000'~'#FFFFFF'，若不提供则使用默认值。

（5）clear：可选参数，默认是 false，如果提供参数为 true，清除窗口内容。

2. 创建子图对象——subplot

figure 对象下可以创建一个或多个子图（subplot）对象用于绘制图像。该函数的调用格式为：matplotlib.pyplot.subplot(numrows, numcols, fignum)，第一个参数表示子图的行个数，第二个参数表示子图的列个数，第三个参数表示子图序号。例如，subplot(2, 2, 1)表示面板中的 2 行 2 列四个子图的第 1 个子图。

在 Matplotlib 中，轴的位置以标准化图形坐标指定，如果轴标签、标题、刻度标签等超出图形区域，将会导致显示不全的问题。使用命令 matplotlib.pyplot.tight_layout()，可以自动调整子图参数，使之填充整个图像区域。

3. 子图坐标轴的设置

子图坐标轴的设置仍然使用 plt.axis([xmin, xmax, ymin, ymax])函数指定坐标轴显示的范围，使用 plt.xlabel(" title ")和 plt.ylabel(" title ")为子图设置横纵坐标标题。

4. 绘制饼图

绘制饼图使用 matplotlib.pyplot.pie(x, labels=None,autopct=None,...)函数，这里 x 表示饼图中每一块的比例，如果 x 中的元素之和大于 1，则会先进行归一化；labels 表示每一块饼图外侧显示的说明文字；autopct 控制饼图内的百分比设置，可以使用 format 字符串或者 format function，例如【例 9.14】中使用的'%1.1f'指小数点前后位数。

9.7.3 绘制散点图和柱状图

【例 9.15】使用不同的方式绘制“学生成绩”数据，包括散点图、柱状图等，并且以子图的方式展示。

程序代码：

```
import numpy as np
import matplotlib.pyplot as plt
file_path = "学生成绩.csv"                          # 数据存储路径
data = np.loadtxt(file_path,delimiter=",",dtype="str")
data_pre=data[1:]
stu=[]
math=[]
eng=[]
for i in range(len(data_pre)):
```

```
    stu.append(data_pre[i][0])
    math.append(float(data_pre[i][1]))
    eng.append(float(data_pre[i][2]))
aver=list((np.array(math)+np.array(eng))/2)
plt.rcParams['font.sans-serif'] = ['SimHei']     # 用来正常显示中文标签
plt.figure()
# 绘制散点图
plt.subplot(2,2,1)
plt.title('Scatter plot')
plt.scatter(stu, aver,c = 'r')
# 绘制柱状图
plt.subplot(2,2,2)
plt.title('Bar chart')
plt.bar(stu,aver)
for _x, _y in zip(stu,aver):
    plt.text(_x , _y , '%.1f' % _y,fontsize=7)
# 绘制水平柱状图
plt.subplot(2,2,3)
plt.title('Horizontal bar chart')
plt.barh(stu,aver)
# 绘制叠加柱状图
plt.subplot(2,2,4)
plt.title('Superimposed bar chart')
plt.bar(stu,list(np.array(math)/2))
plt.bar(stu,list(np.array(eng)/2),bottom=list(np.array(math)/2),color='r')
plt.tight_layout()
plt.show()
```

运行情况（见图9-15）：

	A	B	C	D
1	学号	数学	英语	总成绩
2	1	88	77	82.5
3	2	76	79	77.5
4	3	82	84	83
5	4	79	79	79
6	5	91	70	80.5
7	6	90	82	86
8	7	86	91	88.5
9	8	88	70	79
10	9	79	69	74
11	10	75	96	85.5
12	11	90	73	81.5
13	12	69	80	74.5

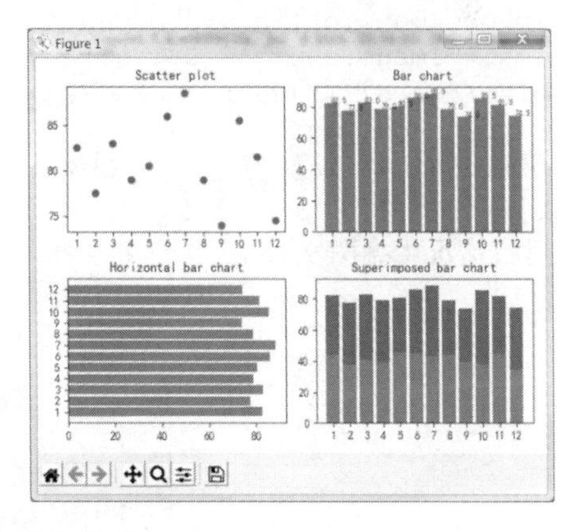

图9-15　绘制散点图和柱状图

知识要点

1. 绘制散点图

使用 matplotlib.pyplot.scatter(x, y, s=None, c=None, marker=None, cmap=None, norm=None, vmin=None, vmax=None, alpha=None, linewidths=None,verts=None, edgecolors=None, hold=None, data=None,**kwargs)，根据数据(x,y)绘制散点图。

2. 绘制柱状图

柱状图，又称为直方图。使用 matplotlib.pyplot.bar(left, height, width=0.8, bottom=None, hold=None, data=None, **kwargs)绘制柱状图。其中，“left”和“height”分别表示数据的 x 轴和 y 轴的数值。

此外，使用 matplotlib.pyplot.text()函数，可以为柱状图添加标签，也就是可以在图片中直接显示出每个柱子的数值。具体为，在绘制柱状图 plt.bar(x,y)后添加语句：

```
for _x, _y in zip((left, height):
    plt.text(_x, _y + 0.1, '%.2f' % _y)
```

3. 绘制水平柱状图

使用 barh()绘制水平方向的条形图，基本使用方法为：barh(y, width, height=0.8)，其中 y 和 width 分别表示柱状图在 y 轴上的位置以及柱状图具体的数值。其余属性在使用过程中，可参考 bar()直方图。

4. 绘制叠加柱状图

顾名思义，叠加柱状图是将柱状图堆积起来，可以描述出某个变量的增长。我们仍然使用 matplotlib.pyplot.scatter()函数来绘制叠加柱状图，关键在于正确设置 bottom 参数。如【例 9.15】中 plt.bar(stu,list(np.array(eng)/2),bottom=list(np.array(math)/2),color='r')这行代码实现了以数学成绩为底，在成绩柱状图中显示数学和英语成绩所占的比例。

9.7.4 显示图片

【例 9.16】 使用 Matplotlib 绘图库，显示图片。

程序代码：

```
from PIL import Image
import matplotlib.pyplot as plt
img = Image.open('MUC.jpg')
plt.figure("Image")      # 图像窗口名称
plt.imshow(img)
plt.title('image')       # 图像题目
plt.show()
```

运行情况（见图 9-16）：

图9-16　显示图片

知识要点

1. 导入图像库 PIL

Python 图像库 PIL（Python Image Library）是 Python 的第三方图像处理库，但是由于其强大的功能与众多的使用人数，几乎已经被认为是 Python 官方图像处理库了。通过使用“import PIL”或者“from PIL import *”导入该图像库。

Image 类是 PIL 中的核心类，要从文件加载图像，可以使用 Image 类中的 open()函数。

2. 显示图片

使用 matplotlib.pyplot.imshow(X, cmap=None)函数绘制图片。其中，X 是要绘制的图像或者数组，cmap 表示颜色图谱（colormap），默认绘制为 RGB 颜色空间，如果要绘制灰度图片，那么将其设置为 cmap=gray。

9.8　网络爬虫

【例 9.17】 使用网络爬虫方法，将人民网首页保存至本地。

程序代码：

```
import requests
from bs4 import BeautifulSoup
# 构造headers参数，模拟浏览器访问
headers = {
    'User-Agent': 'Mozilla/5.0 (Windows NT 10.0; Win64; x64) AppleWebKit/
537.36 (KHTML, like Gecko) Chrome/80.0.3987.149 Safari/537.36'
}
# 发送请求获取页面
url = 'http://www.people.com.cn/'
response = requests.get(url, headers=headers)
# 使用beautifulsoup解析页面，并保存到本地文件
soup = BeautifulSoup(response.content, 'html.parser')
with open('people.html', 'w', encoding='utf-8') as f:
    f.write(str(soup))
```

运行情况（打开 people.html，结果见图 9-17）：

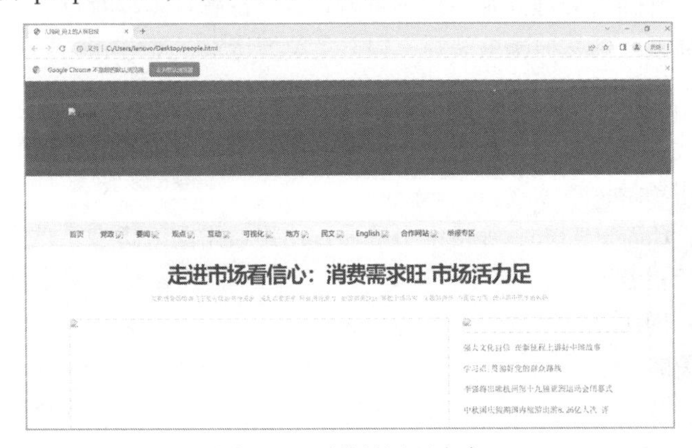

图9-17　下载的网页内容

知识要点

1. 网络爬虫

网络爬虫（也叫网络蜘蛛、网络机器人）是一种自动化程序，它能够从互联网上抓取网页数据，并将数据进行处理、分析和存储。网络爬虫通常会从一个起始网址开始，沿着链接不断地爬取对应网页的内容，直到达到预设的终止条件。

2. 网络爬虫的工作流程

（1）导入库：首先，我们需要导入所需的库。在这个例子中，我们导入了 requests 和 beautifulsoup4 库。

（2）构造请求头信息：为了模拟正常浏览器的访问，我们需要构造一个包含用户代理（User-Agent）信息的请求头。用户代理是一个字符串，用于标识客户端（例如浏览器）的类型和版本。在这个例子中，我们使用了常见的 Chrome 浏览器的用户代理字符串。这个字符串表示该请求来自使用 Windows 10 操作系统、64 位架构的计算机上的 Chrome 80.0.3987.149 版本浏览器。通过设置合适的 User-Agent，可以向服务器传达我们的请求是由一个特定的浏览器发送的，从而提高请求的成功率。有些网站可能会根据 User-Agent 来进行反爬虫处理或者返回不同的页面，而常见的浏览器 User-Agent 通常能够获得更好的兼容性。

（3）发送网络请求：使用 requests.get()函数发送 HTTP GET 请求来获取网页内容。此函数接受两个参数：URL 和 headers。URL 是要请求的网址，headers 是请求头信息。在这个例子中，我们将人民网首页的 URL 传递给该函数，并附加了我们构造的请求头信息。

（4）获取响应内容：我们通过调用 response.content 来获取服务器返回的响应内容。response 是一个包含服务器响应的对象，其中的 content 属性包含了响应内容的二进制表示。

（5）解析网页内容：使用 beautifulsoup4 库对获取到的页面内容进行解析。首先，我们创建一个 BeautifulSoup 对象，将响应内容和解析器类型（这里使用了 HTML 解析器）传递给它。然后，我们可以使用该对象来提取特定元素、标签或文本等。

（6）保存到本地：将解析得到的页面内容写入本地文件。我们使用 open()函数打开一个文件，并指定写入模式和编码方式。然后，将解析得到的页面内容转换为字符串，并使用 write()方法将其写入到文件中。

在实际应用中，还需要处理异常、处理解析过程中的错误，以及进行数据清洗和持久化等操作。此外，还需要遵守网站的爬虫规则，如避免频繁请求、遵守 robots.txt 等。

3. 网络爬虫的应用

网络爬虫在现代互联网研究、商业分析、新闻报道等领域都有着广泛的应用。以下是几个常见的网络爬虫应用场景：

（1）搜索引擎：Google、Bing 等搜索引擎通过使用通用网络爬虫，建立了一个庞大的网络索引库，供用户进行检索。

（2）商业分析：网络爬虫可以收集各类企业的信息，如销售额、用户情况等，以帮助企业制定更有效的商业策略。

（3）舆情监测：政府、媒体和企业等机构需要对社会舆情进行监测和分析，这时网络爬虫就可派上用场。

【例 9.18】 将人民网某一个新闻页面的内容保存至 txt 文件中。

程序代码：

```
import requests
from bs4 import BeautifulSoup
# 构造headers参数，模拟浏览器访问
headers = {
'User-Agent': 'Mozilla/5.0 (Windows NT 10.0; Win64; x64) AppleWebKit/537.36 (KHTML, like Gecko) Chrome/80.0.3987.149 Safari/537.36'
}
# 发送请求获取新闻页面
news_url = 'http://finance.people.com.cn/n1/2023/1007/c1004-40090234.html'
response = requests.get(news_url, headers=headers)
# 使用beautifulsoup解析页面，并保存内容到本地文件
soup = BeautifulSoup(response.content, 'html.parser')
title = soup.find(class_='col col-1 fl').find('h1').get_text()
content = soup.find(class_='rm_txt_con cf').get_text()
# 打印新闻标题和内容
print("新闻标题: ", title)
print("新闻内容: ", content)
# 可选择将标题和内容写入文件
with open('people_news.txt', 'w', encoding='utf-8') as f:
    f.write("新闻标题: " + title + "\n")
    f.write("新闻内容: " + content + "\n")
```

运行情况：

```
新闻标题：  2023年（第五届）全球工业互联网大会将于10月12日至13日在桐乡举办
新闻内容：
人民网北京10月7日电 （记者王震）据中国工业经济联合会消息，由国家制造强国建设战略咨询委员会指导，中国工业经济联合会联合十大全国性行业联合会（协会）、国际组织、研究机构、主流媒体等共同主办的2023年（第五届）全球工业互联网大会暨工业互联网融合创新应用·行业推广行动案例发布大会（以下简称大会）将于10月12日至13日在浙江桐乡举办。
据悉，本届大会主题为“聚焦工业数字化转型 助力新型工业化发展”，重点邀请政府领导、院士专家、国际组织相关负责人以及等知名企业代表，共同解读工业发展机遇。
大会期间将发布《2023工业互联网融合创新应用报告》和全国首个“工业数字化转型评价综合指数”。同时，聚焦工业互联网融合创新应用案例发布，遴选出100个行业应用优秀案例、年度十大典型案例及区域数字化典型案例，并围绕工业互联网融合创新应用优秀案例内容进行全面展示。
（责编：王震、高雷）
关注公众号：人民网财经
分享让更多人看到
```

知识要点

1. 寻找数据特征

在使用网络爬虫前，确定要抓取数据的特征（例如 class 属性）是非常关键的。以下是一些常见的方法来确定特征：

（1）查看网页源代码：通过查看目标网页的源代码，可以了解网页结构和元素的组织方式。可以使用浏览器提供的开发者工具（通常通过右键点击网页中的某个元素并选择“检查”或“审查元素”）来查看网页的 HTML 结构。

图9-18　网页HTML代码

（2）分析网页元素：仔细观察网页上的元素，特别是要提取的内容所在的区域，可以尝试找到包含该内容的外层标签或元素。通常，在网页设计中，不同的内容会放置在不同的容器中，这些容器可能具有不同的类名、ID或其他属性。

在【例9.18】中，文章标题在HTML中的结构、位置和表现形式为：<h1>2023年（第五届）全球工业互联网大会将于10月12日至13日在桐乡举办</h1>，它上一级元素为<div class="col col-1 fl">。我们再看新闻的内容，发现新闻内容包含在<div class="rm_txt_con cf">标签中。通过这些信息，我们就可以确定新闻标题以及新闻内容在HTML文档中的位置。接下来，我们就可以使用Python代码，对这些内容进行爬取。

2. 网络爬虫下载新闻内容

在网络爬虫中，我们需要先发送HTTP请求获取目标网页的内容。首先构造了一个请求头部信息，模拟浏览器的访问，避免被服务器拦截或屏蔽。然后使用requests库发送GET请求，传入目标网页的URL和请求头部信息，获取网页的响应。接着，使用BeautifulSoup库对网页内容进行解析。创建一个BeautifulSoup对象，将网页的源代码字符串和解析器类型传入构造函数，这里使用了html.parser作为解析器。

通过使用find或find_all方法，可以根据标签名、类名、属性等定位到网页中的元素。例如，title = soup.find(class_='col col-1 fl').find('h1').get_text() 使用find方法找到class属性为col col-1 fl的元素，然后再调用find方法找到该元素下的h1标签，并使用get_text方法获取其文本内容。同样的方式，通过选择合适的标签和属性，可以定位到网页中的其他元素，如正文内容等。例如，content = soup.find(class_='rm_txt_con cf').get_text() 定位到class属性为rm_txt_con cf的元素，并使用get_text方法获取其文本内容。

最后，可以使用print语句将获取到的标题和内容打印出来，也可以选择将其写入文件。

9.9　应用实例

问题描述

使用面向对象方式编程实现招生人数查询系统（见图 9-19）。使用账户密码登录系统，如果输入的账户和密码合法，则登录系统弹出新窗体，否则弹出错误对话框。登录系统后在新窗体上有主菜单项：文件和退出。选择“文件”菜单下的“显示数据”命令可以查看招生数据，可以对其进行修改并单击“保存数据”按钮进行保存；导入数据后单击分析数据可以查看不同民族招生人数的对比统计；单击“退出”可退出系统。

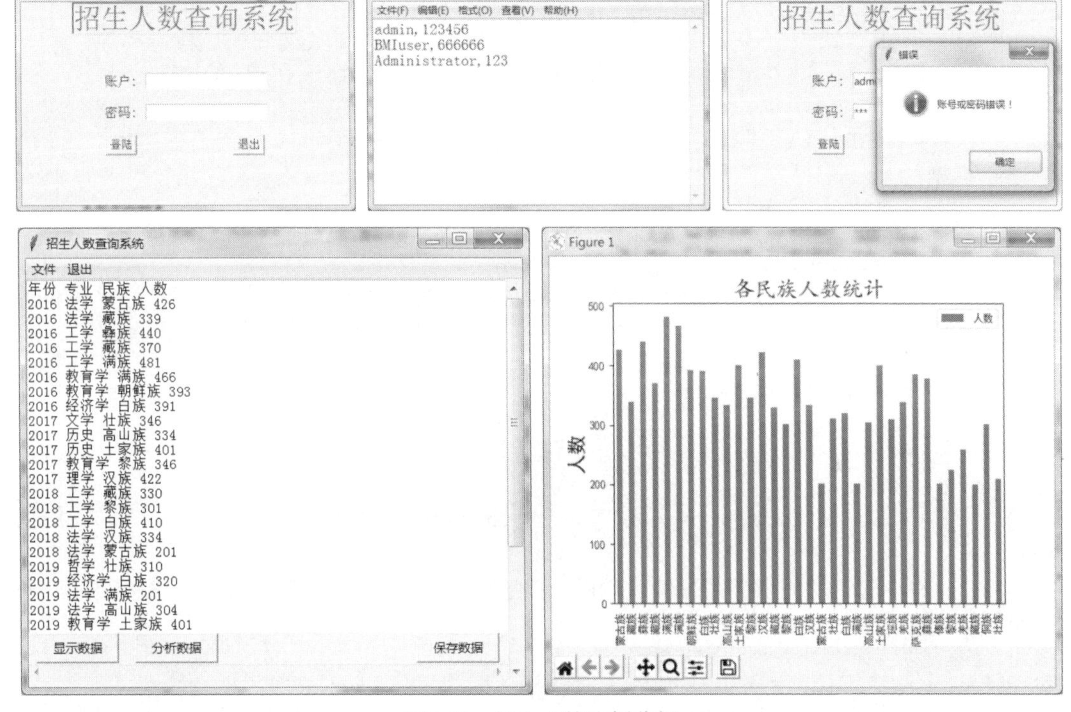

图9-19　招生人数比例分析

基本思路

（1）实现界面的绘制，包括登录界面以及登录后弹出的窗体，具体可以参考第 8 章图形界面绘制综合实例。

（2）在页面中增加“分析数据”按钮，单击该按钮，按照民族统计招生人数，使用柱状图展示招生人数。

（3）单击“退出”按钮，退出系统。

程序代码

（1）main.py 代码。

```
from tkinter import *
```

```
    import numpy as np
    from LoginPage import *
    root = Tk()
    root.title('招生人数查询系统')
    LoginPage(root)
    root.mainloop()
```

（2）LoginPage.py 代码。

```
    from tkinter import *
    from tkinter.messagebox import *
    from MainPage import *
    import time
    class LoginPage(object):
       def __init__(self, master=None):
           self.root = master                               # 定义内部变量root
           self.root.geometry('%dx%d' % (500, 300)) # 设置窗口大小
           self.username = StringVar()
           self.password = StringVar()
           self.createPage()
       def createPage(self):
           self.page = Frame(self.root)                     # 创建Frame
           self.page.pack()
           Label(self.page,text='招生人数查询系统',bg='#d3fbfb',fg='red',font=
('宋体',25),relief=SUNKEN).grid(row=1, columnspan=2,stick=E+W)
           Label(self.page, text = '  ').grid(row=2, stick=W, pady=10)
           Label(self.page,text = '账户: ',font=("宋体",12)).grid(row=3,stick=E,
pady=10)
           Entry(self.page,textvariable=self.username).grid(row=3,  column=1,
stick=W)
           Label(self.page,text = '密码: ',font=("宋体",12)).grid(row=4,stick=E,
pady=10)
           Entry(self.page,textvariable=self.password,  show='*').grid(row=4,
column=1, stick=W)
           Button(self.page,  text=' 登 录 ',font=(" 宋 体 ",10),command=self.
loginCheck) .grid(row=5, columnspan=2,stick=W,padx=50, pady=10)
           Button(self.page,  text=' 退 出 ',font=(" 宋 体 ",10),command=self.
root.destroy).grid(row=5, columnspan=2, stick=E,padx=50,pady=10)
       def loginCheck(self):
           name = self.username.get()
           password = self.password.get()
           if self.isLegalUser(name,password):
              self.page.destroy()
              MainPage(self.root)
              self.page.pack_forget()
           else:
              showinfo(title='错误', message='账号或密码错误！')
              self.username.set("")
              self.password.set("")
       def isLegalUser(self,name,password):
           with open('账号密码.txt',"r",encoding='utf-8') as f:
              for line in f.readlines():
```

```
            info = line[:-1].split(",")
            if len(info)<2:
                break
            if info[0].strip()==name and  info[1].strip()==password :
                f.close()
                return True
        return False
```

（3）MainPage.py 代码。

```
from tkinter import *
from view import * #菜单栏对应的各个子页面
class MainPage(object):
    def __init__(self, master=None):
        self.root = master                              # 定义内部变量root
        self.root.geometry('%dx%d' % (600, 500))        # 设置窗口大小
        self.createPage()
    def createPage(self):
        self.inputPage = InputFrame(self.root)          # 创建Frame
        self.inputPage.pack()                           # 默认显示数据录入界面
        mainmenu = Menu(self.root)
        menuFile=Menu(mainmenu)
        mainmenu.add_cascade(label='文件',menu=menuFile)
        menuFile.add_command(label='导入数据',command=self.inputData)
        menuExit=Menu(mainmenu)
        mainmenu.add_cascade(label='退出',menu=menuExit)
        menuExit.add_command(label='退出',command=self.root.destroy)
        self.root['menu']=mainmenu
    def inputData(self):
        self.inputPage.pack()
```

（4）view.py 代码。

```
from tkinter import *
from tkinter import ttk
import csv
import pandas as pd
import tkinter.messagebox
import matplotlib.pyplot as plt
from matplotlib.figure import Figure

class InputFrame(Frame):                                # 继承Frame类
    def __init__(self, master=None):
        Frame.__init__(self, master)
        self.root = master                              # 定义内部变量root
        self.createPage()
    def createPage(self):
        s_x = Scrollbar(self)
        s_x.pack(side = RIGHT, fill = Y)
        s_y = Scrollbar(self, orient = HORIZONTAL)
        s_y.pack(side = BOTTOM, fill = X)
        text = Text(self, yscrollcommand = s_x.set, xscrollcommand = s_y.set,
wrap = 'none')
        text.pack(fill=BOTH)
        s_x.config(command = text.yview)
```

```
        s_y.config(command = text.xview)
        def openfile():
            text.delete(1.0,END)
            csvreader = csv.reader(open('招生人数.csv', 'r'))
            final_list = list(csvreader)
            for i in range(0,len(final_list)):
                text.insert(INSERT,final_list[i])
                text.insert(INSERT,'\n')
        def savefile():
            text_content = []
            text_content = (text.get(1.0,END).replace(' ',',')).split("\n")
            text_content.pop()
            text_content.pop()
            new=[]
            for el in text_content:
                new.append(el.split(","))
            with open('招生人数.csv','w',newline='') as t:
                writer=csv.writer(t)
                writer.writerows(new)
                tkinter.messagebox.showinfo('通知','保存成功！')
        def anafile():
            csvreader = csv.reader(open('招生人数.csv', 'r'))
            show_data = list(csvreader)[1:]
            # 用来正常显示中文标签
            plt.rcParams['font.sans-serif']=['SimHei','Times New Roman']
            plt.rcParams['axes.unicode_minus']=False
            df=pd.DataFrame(show_data,columns=['年份','专业','民族','人数'])
            print(df)
            df['人数'] = df['人数'].apply(pd.to_numeric)
            df.set_index(['民族'], inplace=True)
            df.plot(kind='bar')
            plt.title('各民族人数统计',fontproperties='STKAITI',fontsize=20)
            plt.xlabel('民族',fontproperties='STKAITI',fontsize=18)
            plt.ylabel('人数',fontproperties='simhei',fontsize=18)
            plt.show()
            Button(self,text=" 显 示 数 据 ",width=10,command=openfile).pack(side
='left', padx=10)
            Button(self,text="分析数据",width=10,command=anafile).pack(side
='left', padx=10)
            Button(self,text=" 保 存 数 据 ",width=10,command=savefile).pack(side
='right', padx=10)
```

习　题

编程题

（1）输入一个中文文本，使用jieba库对其进行分词，并输出分词结果。

（2）输入一个英文文本，使用wordcloud库生成该文本的词云图，并将词云图保存为图片。

（3）给定两个列表x和y，使用matplotlib库绘制它们的折线图，并添加标题和坐标轴标签。

（4）输入一个URL，使用requests库获取该网页的内容，并输出网页的HTML源代码。

第10章 面向对象编程

我们知道主流的程序设计方法有两种：面向过程方法和面向对象方法。在面向过程的设计方法中，使用函数的形式把一些代码组织到一个可以反复使用的单元中。对象则是另一种更先进的代码组织思想，它可以把函数和数据封装在一起，更符合人类认识世界的思维方式。面向对象程序设计以对象为核心，程序可以看成由一系列对象组成。

学习目标

通过本章的学习，应该掌握以下内容：

（1）类和对象的概念。

（2）类和对象的定义及使用。

（3）面向对象的三大特征：封装、继承和多态。

10.1 类和对象的概念

10.1.1 类和对象

【例10.1】定义一个Person类，能说出姓名和职业，比如："大家好，我叫张三，职业是教师"。

程序代码：

```
1  class Person:
2    def say(self,name,occupation):
3        print("大家好,我叫"+name)
4        print("职业是"+ occupation)
5  teacher=Person( )
6  doctor=Person( )
7  teacher.say("张三","教师")
8  doctor.say("李四","医生")
```

运行情况：

```
大家好,我叫张三
职业是教师
大家好,我叫李四
职业是医生
```

知识要点

1. 类和对象的概念

面向对象编程中，对象是指事物，现实世界的任何一个事物都可以看成对象，比如：一件事、一个物品或一个人等。类是一个抽象的概念，它不是具体事物，只是用来描述若干对象的共性特点。对象是具体的，它指有独特属性的事物。例如："人类"是抽象的，而张三是"人类"的一个对象，他的身高、肤色、长相等特点都是具体而独特的。

在【例 10.1】中，第 1～4 行定义了一个 Person 类，第 5 行创建了一个 Person 类的对象 teacher，第 6 行创建了一个 Person 类的对象 doctor。Person 类中定义了一个方法（类似前面学习的函数），功能是输出对象的具体信息。

2. 类和对象的关系

具有共性的若干对象可以抽象为一个类，通过类可以实例化出若干对象。由于类只是描述对象的抽象特点，它的定义不占用存储空间。对象可以保存具体数据，并可以进行各种操作，一旦创建会占用内存空间。

类和对象之间的关系就好比数据类型和变量之间的关系，数据类型描述了一类数据占用的内存空间和操作方式，变量则是一个存储某类数据的具体容器。

10.1.2 对象属性和方法

【例 10.2】 定义一个类 Person，该类包含三个对象属性：姓名、年龄和职业；三个对象方法：一个方法的功能是输出姓名和年龄，另外两个方法的功能分别是判断给定职业或年龄是否与已有的相同。

程序代码：

```
1  class Person(object):
2     def __init__ (self,name,age,occupation):
3        self.name=name
4        self.age=age
5        self.occupation=occupation
6     def say(self):
7        print("大家好,我叫"+self.name+", 今年"+str(self.age)+"岁。")
8     def judge_occupation(self,work):
9        if self.occupation==work.strip(" "):
10          print("职业相同!")
11       else:
12          print("职业不同!")
13    def judge_age(self,age):
14       if self.age==age:
15          print("年龄相同! ")
16       else:
17          print("年龄不同! ")
18 person1=Person("张三",30,"教师")
19 person2=Person("赵六",50,"医生")
20 person1.say()
21 person1.judge_occupation("律师")
```

```
22 person1.judge_age(30)
23 person2.judge_occupation("医生")
```

运行情况：

```
大家好，我叫张三，今年30岁。
职业不同！
年龄相同！
职业相同！
```

知识要点

1. 什么是对象属性

类的定义包括两个方面：数据成员和成员函数。其中，数据成员用于描述对象的共性特征，也叫对象属性，比如，每个人都有姓名、年龄、身高等属性。一般使用变量保存对象属性的定义和使用方法与面向过程设计方法中的变量类似。

2. 什么是对象方法

对象方法也叫成员函数，它用来描述对象的行为，用函数方式实现，换句话说，方法用来说明对象会做什么。例如，描述人类的方法可以是走路、说话、判断等。

3. 对象属性的定义

对象属性是指定义在构造方法__init__()内部的属性（变量），对象属性的名字由两部分构成，前面是“self.”，后面是任意合法标识符，其中，self代表对象本身。例如，【例 10.2】中的第3～5行代码分别定义了三个对象属性：self.name、self.age和self.occupation。

4. 对象方法的定义

对象方法是对象能调用的函数，用来描述对象能完成的操作或功能，定义形式如下：

```
def 方法名(self [,参数1,参数2,…]):
    代码块
```

对象方法的定义与面向过程方法中的函数定义类似，只不过对象方法的第一个形参必须是self，代表对象本身。

在【例 10.2】中，代码第6行和第7行是对象方法say(self)的定义，第8～12行是对象方法judge_occupation(self,work)的定义，第13～17行是对象方法judge_age(self, age)的定义。

5. 对象方法的调用（在类外部）

对象方法可以看成是“失去了自由”的函数，它隶属于对象，只能通过对象调用，可以访问类中的任意属性。在类的外部，对象方法的调用形式如下：

```
对象名.方法名( [参数列表] )
```

在【例 10.2】中，第20行person1.say()和22行person1.judge_age(30)分别用对象person1调用对象方法say()和judge_age()，在第23行person2.judge_occupation("医生")中，用对象person2调用对象方法judge_occupation()。利用Person类创建的所有对象都可以调用该类的对象方法，不同对象处理的数据是不同的。

10.1.3 构造方法与非构造方法

【例 10.3】系统登录时，需要验证用户名和密码的合法性，如果用户名和密码正确，则输出“登录成功!”，结束程序。否则输出“用户名或密码错误!”，重新输入，直到输入正确，结束程序。所有用户名和密码信息保存在“账号密码.txt”中，该文件中的每行对应一个人的账号和密码（逗号分隔），假设用户名和密码都是长度在3～16之间的字符串。定义登录验证的Login类，并通过实例化对象验证类的正确性。

程序代码：

```
1  class Login(object):
2    def __init__ (self):
3        self.userlist=self.set_value()
4     def set_value(self):
5        userls=[]
6        with open('账号密码.txt',"r",encoding='utf-8') as f:
7            for line in f.readlines():
8                info = line[:-1].split(",")
9                userls.append(info)
10       return userls
11    def Check(self,name,password):
12       flag=0
13       if self.isLegalUser(name,password):
14           for line in self.userlist:
15               if line[0]==name and  line[1]==password :
16                   print("登录成功! ")
17                   flag=1
18                   return flag
19           if flag==0:
20               print("用户名或密码错误!")
21       else:
22           print("账号或密码长度非法! ")
23       return flag
24    def isLegalUser(self,name,password):
25       if len(name)>=3 and len(name)<16:
26           if len(password)>=3 and len(password)<=16:
27               return True
28       return False
29 if __name__ =="__main__":
30    login=Login( )
31    while(True):
32       str_name=input("请输入用户名:")
33       str_psd=input("请输入密码:")
34       if login.Check(str_name,str_psd):
35           break
```

运行情况 1：

```
请输入用户名:admin
请输入密码:2010
欢迎登录!
```

运行情况 2：

```
请输入用户名:new
请输入密码:123456
```

```
用户名或密码错误!
请输入用户名:new
请输入密码:2010
用户名或密码错误!
请输入用户名:new
请输入密码:123
欢迎登录!
```

知识要点

1. 构造方法

在类中有两个特殊的方法：一个是构造方法__init__()，一个是析构方法__del__()。每个类都有默认的构造方法和析构方法，创建对象时，系统会自动调用构造方法创建对象，当对象不再使用时，系统也会自动调用析构方法清理对象。由于实际使用中，经常不使用默认的构造方法，我们就只介绍如何重写构造方法。

在【例 10.1】中，Person 类中没有显式定义__init__()方法，因此，第 5 行 teacher=Person( )和第 6 行 doctor=Person( )创建对象时，用系统默认的构造方法创建对象 teacher 和 doctor。

如果类中显式定义了（重写）__init__()方法，则会使用显式定义的__init__()方法创建对象。例如，在【例 10.2】的第 2～5 行显式定义了__init__(self,name,age,occupation)，所以，18 行 person1=Person("张三",30,"教师")和 19 行 person2=Person("赵六",50,"医生")都会使用【例 10.2】中第 2～5 行显式定义的构造方法创建对象 person1 和 person2。同样，在【例 10.3】中的第 2～5 行也显式定义了__init__(self)，第 30 行 login=Login( )也是用 Login 类中显式定义的构造方法创建对象 login。

2. 构造方法的定义

构造方法定义的基本形式如下：

```
def __init__(self [,参数1,参数2…])
    代码块
```

构造方法的名字必须是：__init__，注意，init 左右各有两个下画线。第一个参数代表对象本身，一般取名为 self，调用构造方法创建对象时，不需要给 self 传值。其他参数是可选的，一般用来给对象属性赋初值。

在【例 10.2】的构造方法中，除了 self 外，还有三个形参：name、age 和 occupation，分别用来给对象属性 self.name、self.age 和 self.occupation 赋初值。调用该构造方法创建对象时，需要给定三个实参，实参的值会分别传给 self.name、self.age 和 self.occupation。【例 10.2】第 18 行 person1=Person("张三",30,"教师")执行完后，person1 对象的 self.name 值为“张三”，self.age 的值为 30，self.occupation 的值为“教师”。

在【例 10.3】的构造方法中，除 self 外，没有使用其他参数。其中，对象属性 self.userlist 通过调用对象函数 self.set_value( )获取初始值。

3. 对象方法的调用（在类内部）

构造方法可以调用除自己以外的其他对象方法，其他对象方法之间可以互相调用，但都不可以调用构造方法。在类内部，调用对象方法的形式为：

```
self.方法名( [参数1, 参数2, …] )
```

注意，参数位置没有 self。例如，【例 10.3】的构造方法中调用了对象方法 set_value()，具体参见第 3 行代码 self.userlist=self.set_value()，将 set_value()返回的列表数据赋给对象属性 self.userlist。另外，在 Check()对象方法中调用了 isLegalUser()方法，具体参见第 13 行代码 if self.isLegalUser(name,password):，通过 isLegalUser 方法判断用户名和密码的长度是否合法。

4. if __name__ =="__main__":的作用

一个 Python 程序文件通常有两种使用方法：第一种是作为脚本直接执行，第二种是通过 import 导入其他 Python 文件中作为模块使用。if __name__ == "__main__": 的作用是控制这两种情况执行代码的方式，在 if __name__ == "__main__": 后面的代码只有在第一种情况（即文件作为脚本直接执行）才会被执行，在第二种情况下（即文件作为模块导入到其他脚本中）不会执行。

10.1.4 类的属性和方法

【例 10.4】创建一个学生选课的类，对象属性是姓名和成绩，类属性是课程名和学分。除构造方法外，有三个对象方法，其功能分别是显示课程信息、修改课程学分和修改课程名称。

程序代码：

```
1  class CourseSelect(object):
2    credit=3
3    cname="计算机"
4    def __init__(self,name,score):
5       self.name=name
6       self.score=score
7    def CourseInfo(self):
8       print("课程名: "+CourseSelect.cname)
9       print("学分为: "+str(CourseSelect.credit))
10   def set_credit(self,n):
11      CourseSelect.credit=n
12   @classmethod
13   def set_cname(cls,c):
14      cls.cname=c
15 if __name__=="__main__":
16   stu1=CourseSelect("张三",90)
17   stu2=CourseSelect("李四",100)
18   stu1.CourseInfo()
19   stu2.CourseInfo()
20   stu2.set_credit(5)
21   stu1.CourseInfo()
22   stu2.CourseInfo()
23   CourseSelect.set_cname("英语")
24   stu1.CourseInfo()
25   stu2.CourseInfo()
```

运行情况：

```
课程名: 计算机
学分为: 3
课程名: 计算机
学分为: 3
课程名: 计算机
```

```
学分为: 5
课程名: 计算机
学分为: 5
课程名: 英语
学分为: 5
课程名: 英语
学分为: 5
```

知识要点

1. 类属性的定义

对象属性是在构造方法内部定义，类属性是在所有对象方法（包括构造方法）外面定义，类属性的名称与对象属性类似，定义形式如下所示：

```
class 类名(基类名):
    类属性1=初始值
    类属性2=初始值
    …
    __init__(self,… )
    对象方法1(self,…)
    对象方法2(self,…)
    ……
```

在【例 10.4】中，通过第 2 行 credit=3 定义了一个类属性 credit，用来保存课程学分，并设置初始值为 3。第 3 行 cname="计算机"的功能是定义类属性 cname，用来保存课程名称，并设初始值为“计算机”。

2. 类属性的访问

类属性对于整个类都是可见的，在类内部或外部都可以访问，访问类属性的方式为：

```
类名.类属性名
```

在【例 10.4】中，第 8 行代码 print("课程名："+CourseSelect.cname)的功能是输出课程名称，通过 CourseSelect.cname（CourseSelect 是类名）访问类属性 cname 的值。第 9 行 print("学分为："+str(CourseSelect.credit))的功能是将课程学分转成字符串并输出。第 11 行通过 CourseSelect.credit=n 修改类属性 credit 的值。

3. 类方法的定义

类中定义的方法主要有三种：对象方法、类方法和静态方法。其中，最常用的是对象方法，静态方法本书不做介绍。类方法是类可以调用的方法，定义类方法的基本形式为：

```
@classmethod
def 方法名( cls[, 可选参数列表] )
    代码块
```

其中，@classmethod 是类方法的装饰器，第一个参数代表类，一般取名为 cls，其他位置的内容与对象方法类似。

在【例 10.4】中，第 12～14 行定义了类方法 set_cname(cls,c)，其功能是更新类属性 cname 的值，在类方法中访问类属性的方式为：cls.类属性名，其中 cls 代表类本身，具体参见第 14 行代码 cls.cname=c。

4. 类方法的调用

类方法不需要实例化就可以使用，可以由类直接调用，具体调用形式如下：

```
类名.类方法名( 参数列表 )
```

调用类方法时，不需要给定义形式中第一个形参 cls 传值。在【例 9.4】第 23 行代码 CourseSelect.set_cname("英语")中，使用类名直接调用类方法 set_cname ()，将类属性 cname 的值改为“英语”。

实例化的对象也可以调用类方法，具体调用形式如下：

```
对象名.类方法名( 参数列表 )
```

实例化对象调用类方法时，也不需要给 cls 参数传值。注意，对象方法只能由实例化的对象调用。类方法可以用类名直接调用，也可以用实例化对象调用。

巩固与拓展

（1）定义一个学生类，包含两个对象属性：姓名和学号；一个对象方法：Output()输出学生的姓名和学号。创建两个学生对象，验证类的正确性。

（2）定义一个圆类，包含一个对象属性：半径；两个对象方法：area()计算圆的面积，circum()计算圆的周长。创建两个不同半径的对象，验证类的正确性。

（3）定义 Comput 类，包含两个对象属性：两个整数；四个对象方法：Add()、Sub()、Mult()和 Div()分别实现加、减、乘、除运算。创建一个对象，验证类的正确性。

（4）设计一个系统管理员类，包含两个类属性：Acount 和 password，初始值分别设为“admin”和“2020”。两个类方法：Change()修改管理员的账号和密码，Prnt()输出管理员账号和密码。分别使用对象调用和类名直接调用来验证类方法的正确性。

练习提示

前三道题目中，都要在类中显示定义__init__(self,...)，在构造方法中初始化对象属性，即除 self 参数外，还有与对象属性相匹配的形参。

例如第（1）题中的构造方法定义如下：

```
def __init__(self,name,num):    # name和num是形参
        self.name=name          # selft.name是对象属性,存储学生姓名
        self.number=num         # selft.number是对象属性,存储学生学号
```

第（2）题中的构造方法定义如下：

```
def __init__(self,length):      # length是形参
        self.r= length          # selft.r是对象属性,存储圆的半径
```

第（4）题可以不显式定义构造方法，直接定义类属性和类方法。注意，定义类方法时，一定要在前面加装饰器@classmethod。

10.2 面向对象的三大特征

10.2.1 封装

【例 10.5】定义管理员类。包括一个类属性：usev_list，是用来存储多个普通用户的账户和密码列表。五个对象方法，其功能分别是：检测给定的管理员账户是否合法、检测给定的管理

员密码是否合法、添加用户、删除用户和修改密码。有一个类方法，其功能是输出所有用户的账户及其密码信息。要求：将管理员的账号和密码设为私有属性，初始值分别是“admin”和“admin2010”。创建一个管理员对象，验证类的正确性。

程序代码：

```
1 class Admin(object):
2    user_list=[]
3    def__init__(self,name,psd):
4        self.__name="admin"
5        self.__password="admin2010"
6        self.IsNameOk(name)
7        self.IsPasswordOk(psd)
8    def IsNameOk(self,name):
9        if name.strip(" ")!=self.__name:
10           raise Exception("用户名错误!")
11   def IsPasswordOk(self,password):
12       if password.strip(" ")!=self.__password:
13           raise Exception("密码错误!")
14   def AddUser(self,user_name,user_password):
15       Admin.user_list.append([user_name,user_password])
16   def DeleteUser(self,user_name):
17       flag=1
18       for line in Admin.user_list:
19           if line[0]==user_name:
20               Admin.user_list.remove(user_name)
21               flag=0
22               break
23       if flag:
24           print("给定用户名不存在!")
25   def ChangePsd(self,user_name,user_password):
26       flag=1
27       for line in Admin.user_list:
28           if line[0]==user_name:
29               Admin.user_list.remove(line)
30               flag=0
31               break
32       if flag:
33           print("给定用户名不存在!")
34       else:
35           Admin.user_list.append([user_name,user_password])
36   @classmethod
37   def PrntUserlist(cls):
38       print("用户名\t密码")
39       for item in cls.user_list:
40           print(item[0],item[1],sep='\t')
41 if __name__=="__main__":
42   a1=Admin("admin","admin2010")
43   a1.AddUser("new","123")
44   a1.AddUser("test","000000")
```

```
45    a1.AddUser("guest","8888")
46    a1.ChangePsd("new","456")
47    a1.PrntUserlist()
```

运行情况：

```
用户名    密码
test     000000
guest    8888
new      456
```

知识要点

1. 什么是封装

在面向对象方法中，以“对象”为核心设计程序，每个对象由两部分构成：属性和方法。封装就是将具有相同属性和方法的对象用抽象的类进行描述。

在【例 10.5】中，将管理员的账号密码以及管理员所能进行的操作都封装在 Admin 类中。再通过创建 Admin 类的对象，就可以使用该对象完成添加账户、删除账户等具体操作。

2. 封装的好处

封装可以使类内部和类外部的代码相对独立。只要提供给用户的接口（方法名和参数）不变，修改类内部的具体实现细节时，不会影响外部调用者的代码。例如，在【例 10.5】中，如果修改类内部 DeleteUser(self,user_name)方法的代码，只要用户接口不变，在类外部调用该方法的代码无须改动。

封装可以隐藏各种功能的实现细节，方便用户调用。例如，【例 10.5】的第 43～47 行，通过对象 a1 调用 AddUser()方法就可以方便地添加用户，不用关心具体实现细节。

封装提高了代码的可重用性。所有基于同一个类创建的对象，都可以共享类中定义的公有属性或方法。

3. 私有成员和公有成员

在面向对象设计的思想中，为了更好地隐藏或保护类中的某些成员（属性或方法），可以将这些成员定义为私有的，以限制它们的使用范围，比如只能在类的内部使用，不可以在类的外部使用。在 Python 中，如果成员变量或方法的名字以两个下画线开头，则是私有成员，否则是公有成员。

例如，在【例 10.5】的第 4 行 self.__name="admin"和第 5 行 self.__password="admin2010"中，定义了两个私有属性。如果在类外部，使用实例化的对象进行如下访问：

```
print(a1.__password)
```

运行结果如下：

```
AttributeError: 'Admin' object has no attribute '__password'
```

无法使用原有的名字访问私有属性的原因是：Python 对私有属性的名字进行了修改（改编），修改方式是将“__属性名”修改为“_类名__属性名”。【例 10.5】中的私有属性__name 和__password 被修改成了_Admin__name 和_Admin__password。在类的外部，可用下面的方法访问私有属性：

```
print("管理员密码:",a1._Admin__password)
```

运行结果如下：

```
管理员密码: admin2010
```

可以看出，Python 并没有严格限制对私有成员的访问，只是通过名字改编的方式从一定程度上限制了对私有成员的访问。

10.2.2　继承

【例 10.6】定义 Person 类，包括两个对象属性：姓名和年龄，一个对象方法，功能是输出姓名和年龄。定义 Student 类，继承 Person 类的所有属性和方法，另有一个对象属性：学号，一个对象方法，功能是输出选修课的课程名及其成绩。

程序代码：

```
1   import random
2   class Person(object):
3     def __init__ (self,name,age):
4        self.name=name
5        self.age=age
6     def say1(self):
7        print("我叫{},今年{}岁".format(self.name,self.age) )
8   class Student(Person):
9     def __init__ (self,name,age,snum,course):
10       Person. __init__ (self,name,age)
11       self.number=snum
12       self.course=course
13    def say2(self):
14       print(self.course+"课的分数为: "+str(random.randint(80,100)))
15  stu1=Student("张三",18)
16  stu2=Student("李四",20,"201001","数学")
17  stu2.say1()
18  stu2.say2()
```

运行情况：

```
我叫李四,今年20岁
数学课的分数为: 86
```

知识要点

1. 什么是继承

继承就是子类不需要编写与父类相同的代码，就可以获取父类的属性和方法。继承方式如下所示：

```
class 子类名(父类名):
```

其中，父类是已经存在的类，放在圆括号中，子类是正在定义的新类。通过【例 10.6】第 2 行 class Person(object):和第 8 行 class Student(Person):，可以知道 Person 继承 object 类，Student 类继承 Person 类。

Python 世界中，object 类处于父子关系的顶端，它是所有数据类型的父类。在 Python 3.x 中，object 是默认的父类，即定义新类时，如果不写要继承的父类，默认继承 object 类，即“class 新类名:”等价于“class 新类名(object):”。

2. 继承的好处

继承的最大好处是代码重用，提高编程效率。子类不需要编写与父类相同的代码，就可以使用父类的属性和方法。在【例 10.6】中，通过第 17 行代码 stu2.say1()可以看出，子类 Student 的对象 stu2 可以调用父类中的方法 say1()，输出子类对象的姓名和年龄。

3. 子类重写构造方法

Python 中各个类的构造方法名都是__init__。如果子类中没有显式定义构造方法，系统会调用父类的构造方法来初始化子类对象。如果子类中显式定义了构造方法，就无法继承父类的构造方法，可以在子类构造方法中显式调用父类的构造方法，调用的形式为：

```
父类名.__init__( self [,参数1,参数2,…] )
```

在【例 10.6】中，父类 Person 和子类 Student 都有自己的构造方法，由于父类和子类有共同的属性，子类需要继承父类的构造方法，必须在子类构造方法中显式调用父类的构造方法。第 10 行代码 Person.__init__ (self,name,age)就是在子类 Student 的构造方法中调用 Person 父类的构造方法。

10.2.3 多态

【例 10.7】创建 Person 类，包含一个对象属性：姓名，一个对象方法 say()，功能是输出姓名。创建继承 Person 类的子类 Student，包含两个对象属性：年龄和身高，一个对象方法 say()，功能是输出姓名、年龄和身高。在两个类的外面，定义函数 Introduce()，形参是没有类型的对象，在函数体中，由形参调用 say()方法。

程序代码：

```
1   class Person(object):
2       def __init__(self,name):
3           self.name=name
4       def say(self):
5           print("我叫"+self.name)
6   class Student(Person):
7       def __init__ (self,name,age,height):
8           Person.__init__(self,name)
9           self.age=str(age)
10          self.height=str(height)
11      def say(self):
12          print("我叫"+self.name+",年龄是"+self.age+",身高是" +self.height+"cm")
13  def Introduce(obj):
14      obj.say()
15  p1=Person("张三")
16  p2=Student("李四",19,175)
17  Introduce(p1)
18  Introduce(p2)
```

执行情况：

```
我叫张三
我叫李四，年龄是19，身高是175cm
```

知识要点

1. 什么是多态

同一种操作，作用于不同的对象，可以产生不同的效果，这是多态的通俗解释。假设父类和子类中有相同名称的方法 A，子类的 A 方法会覆盖父类的 A 方法。如果用父类对象调用 A 方

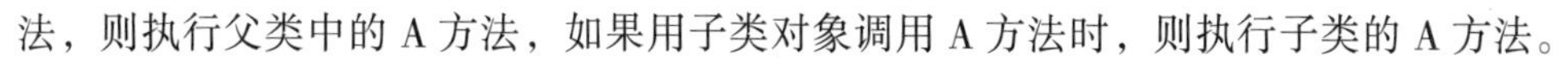

法，则执行父类中的 A 方法，如果用子类对象调用 A 方法时，则执行子类的 A 方法。

在【例 10.7】中，父类 Person 和子类 Student 中都有一个名字为 say()的方法，但功能是不同的。第 17 行代码 Introduce(p1)，用父类对象 p1 作为实参时，输出结果是“我叫张三”，说明执行的是父类中的 say()方法。第 18 行代码 Introduce(p2)，用子类对象 p2 作为实参时，输出结果是“我叫李四，年龄是 19，身高是 175cm”，说明执行的是子类中的 say()方法。

2. 多态的好处

同一个名称的方法可以具有多种实现方式。例如，在【例 10.7】中的父类 Person 和子类 Student 都有 say()方法，但功能不同。Introduce()函数不属于任何类，它的形参并没有指定类型，当传入实参对象时，会自动调用该对象所属类中的 say()方法，这就是多态性的好处，即不需要显式指定对象的类型，只要对象支持相应的操作。

巩固与拓展

（1）设计一个三维向量类，包含三个对象属性：x、y 和 z，五个对象方法：Add()方法和 Sub()方法分别实现两个三维向量的加和减操作；Mul()方法和 Div()方法分别实现三维向量乘和除以整数的操作；PrstVector()方法输出向量的值。

（2）定义 Person 类，包含三个对象属性：姓名、身高和体重，两个对象方法：Compute()方法根据身高计算标准体重，OverWeight()方法用来判断是否超重（超过合理体重的 10%算超重）。定义两个 Person 的子类：Men 和 Women，有一个对象属性：性别。两个子类都有与父类 Person 重名的方法 Comput()，该方法在父类中的计算公式是：标准体重（kg）=身高（cm）-105，在 Women 类中的计算方法是：[身高(cm)-70]×60%，在 Man 类中的计算方法是：[身高(cm)-80]×70%。在类外部，定义函数 test()，其形参是没有类型的对象，函数体中由形参调用 Comput( )方法，使用 Person、Women 和 Man 三种不类型的对象分别调用 Comput()函数，验证类的正确性。

练习提示

第（1）题中，假设三维向量类名为 Vector3，Add()方法用于实现两个向量的加运算，参数位置除了 self，还包括一个向量类型的参数，方法体内先创建一个默认值为 0 的三维向量 v1，运算结束后，返回 v1 的值。具体实现的参考代码如下：

```
def Add(self,v):
    v1=Vector3()                    # v1的三个对象属性都是默认值0
    v1.x=self.x+v.x
    v1.y=self.y+v.y
    v1.z=self.z+v.z
    return v1
```

Mul()方法用于实现三维向量和整数的乘运算，参数位置除了 self，还包括一个整型参数，同样也是先创建一个默认值为 0 的三维向量 v1，运算结束后，返回 v1 的值。具体实现的参考代码如下：

```
def Mul(self,n):
    v1=Vector3()
    v1.x=self.x*n
    v1.y=self.y*n
    v1.z=self.z*n
```

```
    return v1
```

第（2）题主要考查对继承和多态的掌握情况。子类 Men 和 Women 继承父类的所有属性。

10.3 应用实例

问题描述

设计一个简单的学生选课系统。包括两个类：学生类和课程类。其中，学生类包括四个对象属性：姓名、学号、课程名列表及成绩字典，三个对象方法：choice()模拟选课、exam()模拟考试和 OutputScore()显示成绩。课程类包括一个类属性 cour_info，用于存放所有的课程名，四个类方法分别完成：打乱课程顺序、添加课程、删除课程和输出所有的课程名称。

基本思路

学生类中的对象属性在构造函数中初始化，姓名和学号初始化为形参变量的值，课程名初始化为空列表，成绩初始化为空字典。在模拟选课方法中设置课程名列表的值。在模拟考试方法中设置成绩字典的值，key 为课程名，value 为[30,100]的随机整数。

课程类中的类属性设为包含若干门具体课程名的列表，打乱课程顺序可以用 random 库中 shuffle()方法将列表中的数据顺序打乱。

先用课程类名调用打乱课程顺序和输出所有的课程名称的类方法。再创建一个学生对象 s1，输入学生要选课的门数 n，注意，n 的值不能超过课程类中 cour_info 的长度。然后在课程类的 cour_info 列表中随机选取 n 门课程，利用学生对象的 choice()方法给学生类中的课程名列表赋值。再利用学生对象的 exam()方法设置各门选课的成绩。最后调用学生对象的 OutputScore()方法输出成绩信息。

程序代码

```
class Student(object):
    def __init__(self,name,num):
        self.name=name
        self.number=num
        self.course=[ ]
        self.score={ }
    def choice(self,course):
        for item in course:
            self.course.append(item)
    def exam(self):
        for item in self.course:
            self.score[item]=random.randint(30,100)
    def OutputScore(self):
        print("课程名\t成绩")
        for key,value in self.score.items():
            print(key,"\t",value)
class Course(object):
    cour_info=["英语","数学","计算机","政治","哲学","品德"]
    @classmethod
    def ShuffleCourse(cls):
```

```
        random.shuffle(cls.cour_info)
    @classmethod
    def AddCourse(cls,new_course):
        cls.cour_info.append(new_course)
    @classmethod
    def DelCourse(cls,old_course):
        cls.cour_info.pop(old_course)
    @classmethod
    def OutputCourse(cls):
        print("课程名：",end=' ')
        for item in cls.cour_info:
            print(item,end=' ')
        print("\n")
import random
Course.ShuffleCourse()
Course.OutputCourse()
s1=Student("王英","2020100")
n=int(input("请输入选课的门数:"))
if n<=len(Course.cour_info):
    s1.choice(random.sample(Course.cour_info,n))
    s1.exam()
    s1.OutputScore()
else:
    print("选课门数超过已有课程!")
```

习　题

判断题

（1）对象是类的实例。　（　）

（2）面向对象程序设计不支持数据抽象。　（　）

（3）在 Python 中，类可以继承自多个基类。　（　）

（4）__init__方法是 Python 中用于在实例化一个对象时调用的特殊方法。　（　）

（5）Python 中一般将表示属性的变量定义为私有变量，以避免对其直接访问。　（　）

（6）面向对象程序设计只适用于面向对象编程语言。　（　）

（7）在 Python 中，可以通过类名调用类方法。　（　）

（8）在 Python 中，可以使用 del 语句来删除一个实例对象。　（　）

（9）继承是指一个类从已有的类中继承其方法和属性。　（　）

（10）多重继承是指一个类可以同时从多个基类中继承方法和属性。　（　）

第11章 综合案例

为了进一步巩固和综合应用前面章节中所学的相关知识点，培养使用计算思维分析问题、解决问题的能力，本章设计了一个高考信息管理系统，首先对系统功能做需求分析，然后分别采用面向过程和面向对象的程序设计方法给出了参考代码。

学习目标

通过本章的学习，应该掌握以下内容：

（1）问题的需求分析。

（2）系统的模块划分。

（3）结构化程序设计的综合应用。

（4）面向对象思想和 GUI 的综合应用。

11.1 系统功能描述

11.1.1 文件数据

该系统有两个原始文件数据，一个是学生的基本信息文件，采用 CSV 格式存储，每个考生的信息包括：编号、姓名、性别、年龄、民族、省份、文理、爱好和分数。其中，编号不重复，编号是区分学生的唯一标识，学生信息见表 11-1。

表 11-1 学生信息表

编 号	姓 名	性 别	年 龄	民 族	省 份	文 理	爱 好	分 数
202001	张旭飞	男	18	汉族	北京	文	画画、听音乐	600
202002	王凌志	男	20	回族	河北	理	爬山、写作	588
202003	李红	女	17	藏族	四川	文	羽毛球	569
202004	赵颖	女	18	壮族	广西	理	篮球、下棋	640

另一个是账号密码文件，采用文本文件 txt 格式存储，管理员账号和密码必须事先存放在该文件中，其他用户账号可以由管理员登录后进行添加和删除。每个用户的账号和密码在同一行中，用逗号分隔，例如，管理员的账号和密码可设置为：admin，2020。

11.1.2 需求分析

系统运行时，需要输入正确的用户账号和密码，登录成功后，系统会先从当前目录中读取存储学生信息的 CSV 格式文件，作为后续处理的原始数据。

学生数据的管理和分析，包括六个功能模块：账户管理、数据编辑、数据查找、数据排序、数据统计和文件处理。

1. 账户管理

账户管理模块包括增加账户、删除账户和修改密码。其中，增加账户和删除账户只能是管理员身份可以使用，修改密码允许当前已登录系统的账户可以修改自己的密码，不可以修改其他账户的密码。

2. 数据编辑

数据编辑模块包括增加学生信息、删除学生信息和修改学生信息。学生信息文件中，每行数据描述的是一名学生的所有信息，这里的编辑功能也以整行数据为单位进行处理，其中，删除和修改时需要指定学生的编号。

3. 数据查找

数据查找模块提供三种方式：按编号查找某个学生的信息、查找某个民族的所有学生信息、按照省份和文理科两个条件查找满足条件的学生信息。

4. 数据排序

第一种是所有同学按分数降序排列；第二种是提取某个省的所有学生，按分数降序排列；最后一种是所有同学先按文理升序排列，再按分数升序排列。前两种排序方式都是按一个关键字（分数）排序，最后一种是按两个关键字排序（文理和分数）。

5. 数据统计

该模块统计三个方面的信息：各个民族的总人数、各个省的最高分和最低分，以及同学兴趣爱好的词频分析（即统计各种词汇出现的次数）

6. 文件处理

该模块包括导入数据和保存文件两项功能，当用户登录成功后，调用该模块中的“导入数据”功能读取 CSV 格式的学生信息文件，并将文件中的数据存入二维列表中，为其他模块的处理提供原始数据；编辑模块会对二维列表中的数据做增、删、改操作，每次编辑操作会调用“保存文件”功能更新 CSV 格式的学生信息文件。

11.1.3 系统功能图

系统功能图如图 11-1 所示。

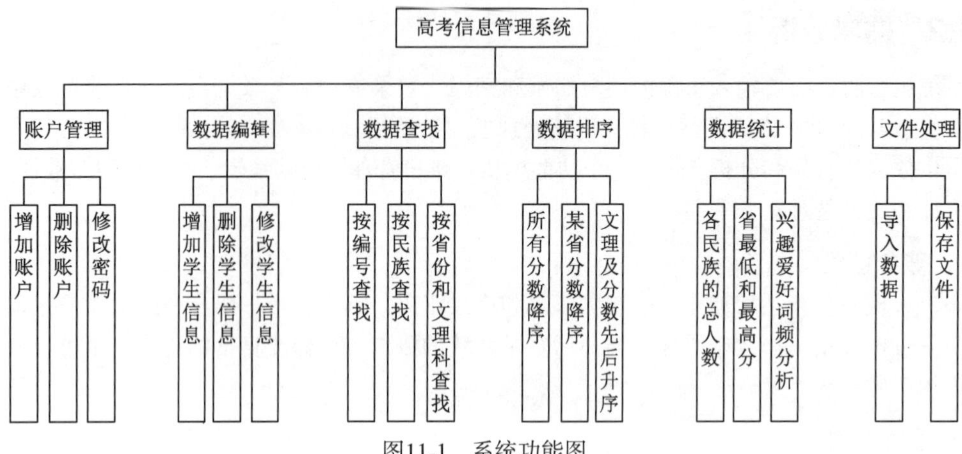

图11-1　系统功能图

11.2　结构化设计方案

按照结构化程序设计思想，对整个系统按照自上而下、逐步细化的思路进行设计，将整个问题划分为若干个模块，逐步实现各个模块。

11.2.1　程序设计思路

主程序首先验证用户的合法性，如果用户合法，则导入学生数据。接下来通过循环和分支结构控制各个模块的调用。

验证用户时，我们设定有三次输入的机会，如果第三次输入的用户名或密码错误，结束整个程序的运行。如果验证通过，则显示功能列表，每个数字对应一个功能模块，如下所示：

1：数据编辑。

2：数据查找。

3：数据排序。

4：数据统计。

5：账户管理。

0：退出程序。

假设输入数字1，则进入编辑模块，接着会显示编辑功能列表，如下所示：

10：增加学生信息。

11：删除学生信息。

12：修改学生信息。

此时，如果输入11，则进行删除学生信息的操作，执行完毕后，会再次显示模块列表，可以继续选择相应的模块，在显示模块列表时，如果输入数字0，则结束整个程序的运行。

11.2.2　程序流程图

程序流程图如图11-2所示。

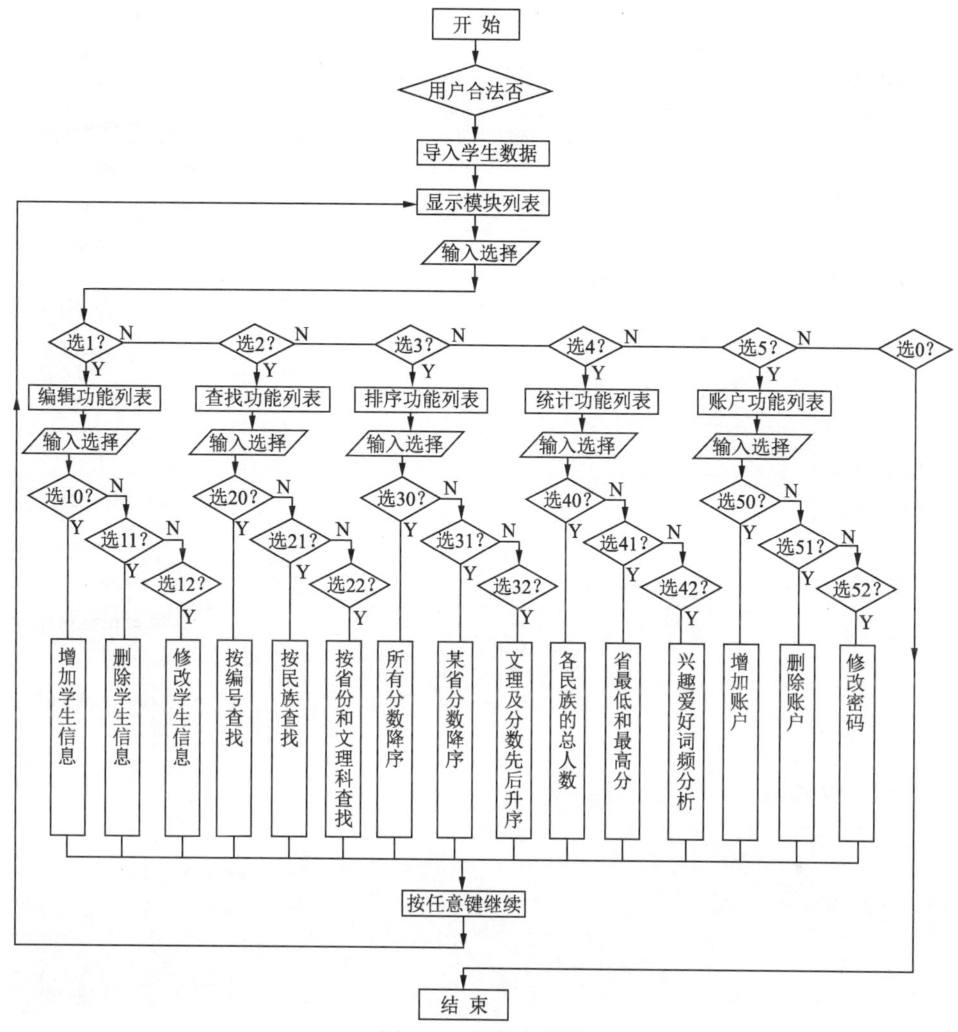

图11-2　程序流程图

11.2.3　程序文件结构

为了更好地管理和维护程序，我们把账户管理、数据编辑、数据查找、数据排序、数据统计和文件处理六个模块的实现代码分别放在六个文件中，主程序对应的文件是 main.py，用于实现六个功能模块的文件名称见表 11-2。六个功能模块文件中函数的构成情况如图 11-3 所示。

表 11-2　模块对应的文件名

模块名称	文件名称	模块名称	文件名称
账户管理	UserModule.py	数据排序	SortModule.py
数据编辑	EditModule.py	数据统计	AnalysisModule.py
数据查找	QueryModule.py	文件处理	FileModule.py

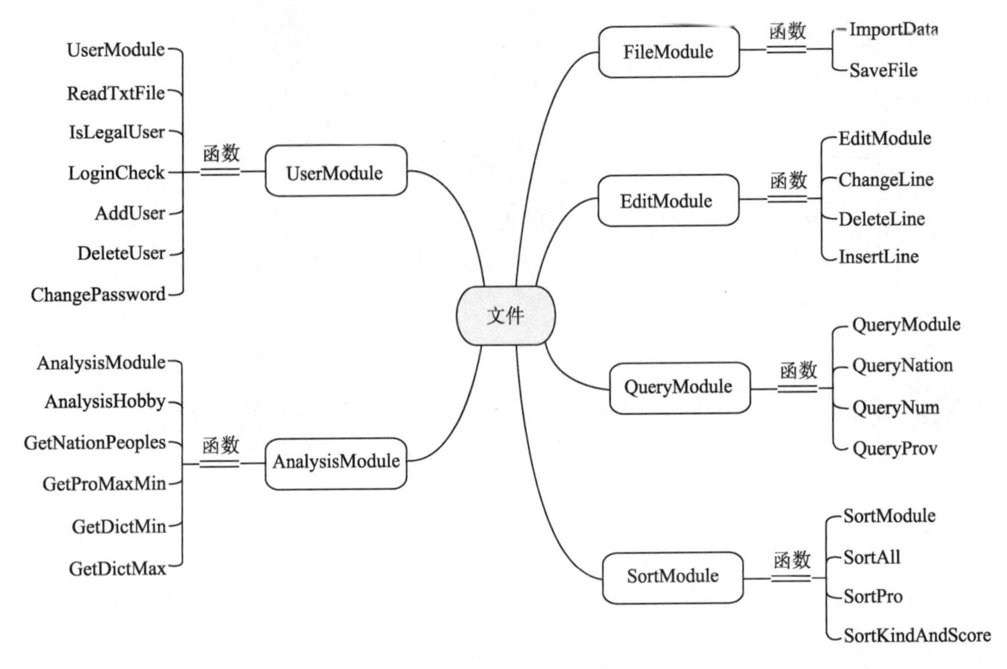

图11-3　各模块中的函数构成

11.2.4　程序代码

1. main.py 代码

```
import FileModule as fm
import EditModule as em
import QueryModule as qm
import SortModule as sm
import AnalysisModule as am
import UserModule as um
def ShowMenu( ):
    print("************************************\n")
    print("        高考信息管理系统\n")
    print("************************************\n")
    print("*       1、数据编辑模块      *\n")
    print("*       2、数据查找模块      *\n")
    print("*       3、数据排序模块      *\n")
    print("*       4、数据统计模块      *\n")
    print("*       5、账户管理模块      *\n")
    print("*       0、退出程序          *\n")
    print("************************************\n")
UserName=um.LoginCheck( )
data=fm.ImportData()
while( 1 ):
    ShowMenu()
    choice=int(input("输入你的选择:").strip(" "))
    if choice==0:
        break
```

```
    elif choice==1:
        em.EditModule(data)
    elif choice==2:
        qm.QueryModule(data)
    elif choice==3:
        sm.SortModule(data)
    elif choice==4:
        am.AnalysisModule(data)
    elif choice==5:
        um.UserModule(UserName)
    else:
        print("输入的模块编号错误!")
    input("Press any key to continue...")
```

2. EditModule.py 代码

```
import FileModule as fm
def InsertLine(data,info):
    info=info.strip(" ").split("、")
    data.append(info)
    fm.SaveFile(data)
def DeleteLine(data,number):
    flag=0
    for line in data:
        if number in line:
            data.remove(line)
            fm.SaveFile(data)
            flag=1
            break
    if flag==0:
        print("不存在该编号的学生!")
def ChangeLine(data,number):
    flag=0
    for i in range(len(data)):
        if number in data[i]:
            print("编号为:"+number+"的学生信息如下:")
            print(data[i])
            newline=input("请输入修改后的编号、姓名、性别、年龄、民族、省份、文理、爱
好、分数\n")
            newline=newline.strip(" ").split("、")
            data[i]=newline
            fm.SaveFile(data)
            flag=1
            break
    if flag==0:
        print("不存在该编号的学生!")
def EditModule(data):
    print(" 10、增加学生信息\n")
    print(" 11、删除学生信息\n")
    print(" 12、修改学生信息\n")
    flag=int(input("请输入选择: ").strip(" "))
```

```
    if flag==10:
        info=input("请输入编号、姓名、性别、年龄、民族、省份、文理、爱好、分数\n")
        InsertLine(data,info)
    elif flag==11:
        number=input("请输入要删除学生的编号:").strip(" ")
        DeleteLine(data,number)
    elif flag==12:
        number=input("请输入要修改学生的编号:").strip(" ")
        ChangeLine(data,number)
    else:
        print("输入的功能编号非法!")
```

3. QueryModule.py 代码

```
def QueryNum(data,num):
    result=[ ]
    for line in data:
        if line[0]==num:
            result=line
            break
    return result
def QueryNation(data,nation):
    flag=0
    result=[ ]
    for line in data:
        if line[4]==nation:
            print(line)
            flag=1
    if flag==0:
        print('没有'+nation+'的学生!')
def QueryProv(data,pro,kind):
    flag=0
    result=[ ]
    for line in data:
        if line[5]==pro and line[6]==kind:
            print(line)
            flag=1
    if flag==0:
        print('没有'+pro+'的'+kind+'科学生!')
def QueryModule(data):
    print(" 20、按编号查找学生\n")
    print(" 21、按民族查找学生\n")
    print(" 22、按省和文理查找学生\n")
    choice=int(input("请输入选择: ").strip(" "))
    if choice==20:
        number=input("请输入要查询学生的编号:").strip(" ")
        if QueryNum(data,number):
            print(QueryNum(data,number))
        else:
            print('没有编号为'+number+'的学生!')
    elif choice==21:
```

```
        nation=input("请输入要查询的民族:").strip(" ")
        QueryNation(data,nation)
    elif choice==22:
        strinfo=input("请输入要查询的省份及文理科(顿号分割):").strip(" ")
        lsinfo=strinfo.split('、')
        QueryProv(data,lsinfo[0],lsinfo[1])
    else:
        print("输入的功能编号错误!")
```

4. SortModule.py 代码

```
def SortAll(data):
    if len(data)>=0:
        data_sorted=sorted(data,key=(lambda x:x[8]),reverse=True)
        for line in data_sorted:
            print(line)
    else:
        print("学生数据为空! ")
def SortPro(data,pro):
    if len(data)>0:
        flag=0
        ls_pro=[ ]
        for line in data:
            if line[5].strip(" ")==pro:
                ls_pro.append(line)
                flag=1
                if flag==0:
                    print('没有'+pro+'的学生')
                else:
                    data_sorted=sorted(ls_pro,key=(lambda x:x[8]),reverse=True)
                    for line in data_sorted:
                        print(line)
    else:
        print("学生数据为空! ")
def SortKindAndScore(data):
    if len(data)>0:
        data_sorted=sorted(data,key=(lambda x:(x[6],x[8])))
        for line in data_sorted:
            print(line)
    else:
        print("学生数据为空! ")
def SortModule(data):
    print("30、所有学生按分数降序\n")
    print("31、某省的学生按分数降序\n")
    print("32、所有学生先按文理再按分数升序\n")
    choice=int(input("请输入选择: ").strip(" "))
    if choice==30:
        SortAll(data)
    elif choice==31:
        pro=input("请输入要排序的省份:").strip(" ")
        SortPro(data,pro)
```

```
    elif choice==32:
        SortKindAndScore(data)
    else:
        print("输入的功能编号错误!")
```

5. AnalysisModule.py 代码

```
import jieba
def GetDictMax(data_dict,data):
    for key in data_dict:
        max_score=data_dict[key]
        for line in data:
            if line[5].strip(" ")==key:
                max_score=max( max_score,int(line[8]) )
        data_dict[key]=max_score
    return data_dict
def GetDictMin(data_dict,data):
    for key in data_dict:
        min_score=data_dict[key]
        for line in data:
            if line[5].strip(" ")==key:
                min_score=min( min_score,int(line[8]) )
        data_dict[key]=min_score
    return data_dict
def GetProMaxMin(data):
    if len(data)>0:
        data_dict={}
        for line in data:
            data_dict[line[5]]=int(line[8])
        max_data_dict=GetDictMax(data_dict,data)
        min_data_dict=GetDictMin(data_dict,data)
        pro=list(max_data_dict)
        max_score=list(max_data_dict.values())
        min_score=list(min_data_dict.values())
        print("省份\t","最高分\t","最低分\t")
        for i in range(len(max_data_dict)):
            print(pro[i],"\t",max_score[i],"\t",min_score[i])
    else:
        print("学生数据为空!")
        return 0
def GetNationPeoples(data):
    if len(data)>0:
        data_dict={}
        for line in data:
            data_dict[line[4]]=data_dict.get(line[4],0)+1
        print("民族\t","人数\t")
        for item in data_dict.items():
            print(item[0],"\t",item[1],"\t")
    else:
        print("学生数据为空!")
def AnalysisHobby(data):
```

```
    if len(data)>0:
        wordstr=''
        for line in data:
            wordstr=wordstr+line[7]
        wordstr=wordstr.replace('、','').strip(' \n')
        word_dict={}
        words=jieba.lcut( wordstr )
        for word in words:
            word_dict[word]=word_dict.get(word,0)+1
        print("词语\t","出现次数\t")
        for item in word_dict.items():
            print(item[0],"\t",item[1],"\t")
    else:
        print("学生数据为空!")
def AnalysisModule(data):
    print(" 40、按编号查找学生\n")
    print(" 41、按民族查找学生\n")
    print(" 42、按省和文理查找学生\n")
    choice=int(input("请输入选择: ").strip(" "))
    if choice==40:
        GetProMaxMin(data)
    elif choice==41:
        GetNationPeoples(data)
    elif choice==42:
        AnalysisHobby(data)
    else:
        print("输入的功能编号错误!")
```

6. UserModule.py 代码

```
import sys
def ReadTxtFile():
    with open('账号密码.txt',"r",encoding='utf-8') as f:
        userList=[ ]
        for line in f.readlines():
            user=line.strip(" \n").split(",")
            userList.append(user)
    return userList
def IsLegalUser(username,password):
    UserList=ReadTxtFile()
    for line in UserList:
        if len(line)<2:
            break
        else:
            if username.strip(" ")==line[0] and password.strip(" ")==line[1]:
                return True
    return False
def LoginCheck():
    flag=0
    for i in range(3):
        username=input("请输入用户名: ").strip(" ")
```

```
        password=input("请输入密码: ").strip(" ")
        if IsLegalUser(username,password):
            flag=1
            return username
        else:
            if i<2:
                print("用户名或密码错误!您还有"+str(2-i)+"次机会")
            else:
                print("您的输入次数达到上限，程序结束运行!")
    if flag==0:
        sys.exit()
def AddUser(user_name):
    if user_name=="admin":
        flag=0
        Uname=input("请输入账号:")
        UserList=ReadTxtFile()
        for line in UserList:
            if Uname.strip(" ")==line[0]:
                print("该账号已存在! ")
                flag=1
                break
        if flag==0:
            Upassword=input("请输入密码:")
            with open("账号密码.txt","a") as f:
                f.write(Uname.strip(" ")+","+Upassword.strip(" "))
                print("已成功添加新用户! ")
    else:
        print("当前账户没有该权限! ")
def DeleteUser(user_name):
    if user_name=="admin":
        Uname=input("请输入要删除的账号:").strip(" ")
        UserList=ReadTxtFile()
        flag=0
        with open("账号密码.txt","w") as f_w:
            for line in UserList:
                if line[0]==Uname:
                    flag=1
                    continue
                f_w.write(line)
            if flag==0:
                print("不存在该账号! ")
            else:
                print("成功删除账号为: "+Uname+"的用户")
    else:
        print("当前账户没有该权限! ")
def ChangePassword(username):
    flag=0
    password=input("请输入原密码:").strip(" ")
    UserList=ReadTxtFile()
    with open('账号密码.txt',"w") as f_w:
```

```
        for line in UserList:
            if line[1]==password:
                flag=1
                continue
            f_w.write(line[0]+","+line[1]+"\n")
        if flag==0:
            print("密码错误！")
        else:
            newpassword=input("请输入新密码:").strip(" ")
            newline=username+","+newpassword
            f_w.write(newline+"\n")
def UserModule(UserName):
    print(" 50、增加账户\n")
    print(" 51、删除账户\n")
    print(" 52、修改密码\n")
    choice=int(input("请输入选择: ").strip(" "))
    if choice==50:
        AddUser(UserName)
    elif choice==51:
        DeleteUser(UserName)
    elif choice==52:
        ChangePassword(UserName)
    else:
        print("输入的功能编号错误!")
```

7. FileModule.py 代码

```
import csv
def ImportData( ):
        data=[ ]
        with open("成绩单.csv",'r') as f:
            f.readline( )
            for line in f:
                t=line.strip('\n').split(',')
                data.append(t)
        return data
def SaveFile(data):
        with open("成绩单.csv",'w',newline='') as f:
            w = csv.writer(f)
            w.writerow(["编号","姓名","性别","年龄","民族","省份","文理","爱好","分数"])
            w.writerows(data)
```

11.3 面向对象设计方案

在该方案中，程序采用了面向对象的设计思想，同时加了图形用户界面，整个程序的操作更加方便而友好。

11.3.1 设计思路

程序中包含两个窗体，一个是登录窗体，另一个是主窗体。这两个窗体分别对应两个类：

class LoginPage 和 class MainPage。程序运行时，先创建登录窗体，如图 11-4 所示，如果账号或密码错误，会提示“账号或密码错误”，直到输入正确的账号和密码，销毁登录窗体，创建主窗体，如图 11-5 所示。

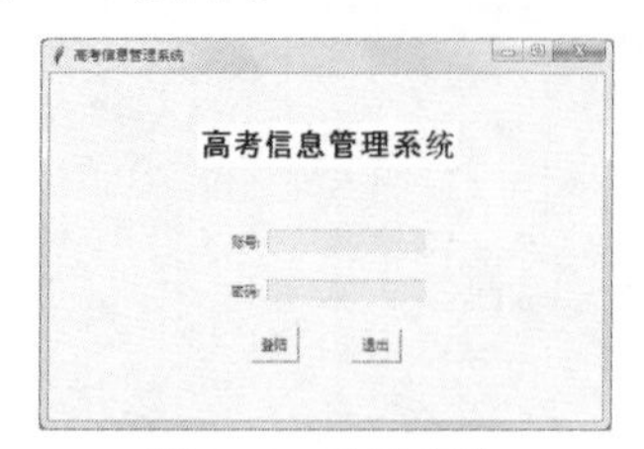

图11-4　登录窗体

图11-5　系统主窗体

主窗体中显示的主菜单（文件、编辑、查找、排序、统计和用户）和需求分析中的六个功能模块一一对应。

11.3.2　程序结构剖析

1. 主程序（main.py）基本框架

- 导入 tkinter 模块。
- 导入登录模块。
- 创建主窗体。
- 设置主窗体标题栏。
- 调用登录模块的 LoginPage 创建登录窗体。
- 显示窗体。

2. 主程序和模块关系

该案例总共包含八个源文件：main.py、LoginPage.py、MainPage.py、EditPage.py、QueryPage.py、SortPage.py、AnalysisPage.py 和 UserPage.py。主程序和各个模块之间的结构关系如图 11-6 所示。

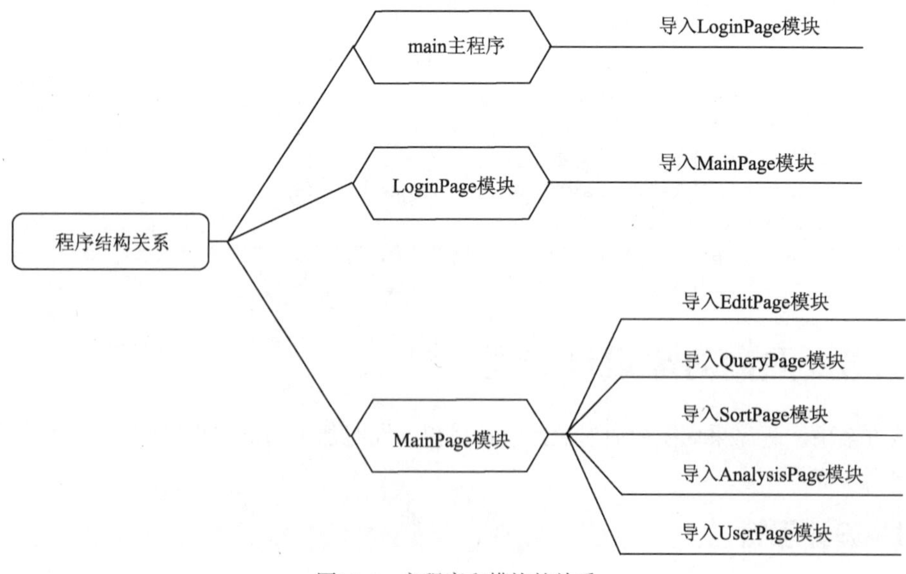

图11-6　主程序和模块的关系

3. 各个模块中包含的类

在主界面的六个菜单项中，“文件”下拉列表中的“导入数据”、“保存文件”和“退出”三项功能的实现代码都在 class MainPage 类中，另外五个菜单项对应的功能分别放在五个模块文件中，例如，“编辑”下拉列表中的“插入”、“删除”和“修改”都在 EditPage.py 文件中实现。其中，“插入”功能使用 class InsertPage，“删除”功能使用 class DeletePage，“修改”功能使用 class ChangePage。模块文件中的类如图 11-7 所示。

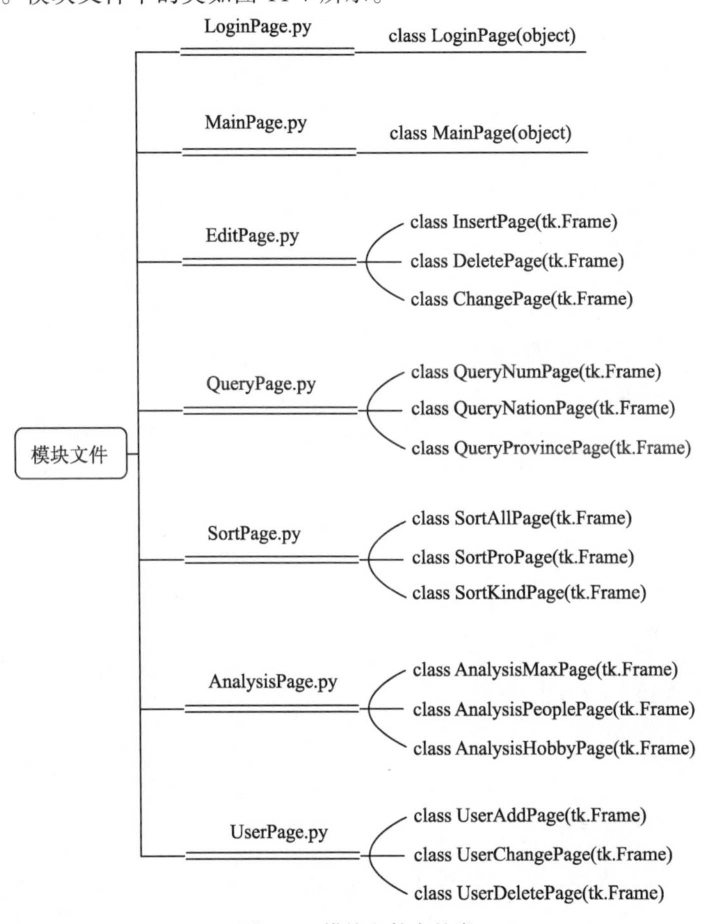

图11-7 模块文件中的类

11.3.3 程序代码

1. main.py 代码

```
import tkinter  as tk
import LoginPage as lp
root = tk.Tk()
root.title('高考信息管理系统')
lp.LoginPage(root)
root.mainloop()
```

2. LoginPage.py 代码

```
import tkinter as tk
```

```
import tkinter.messagebox as ms
import MainPage as mp
class LoginPage(object):
    def __init__(self, master=None):
        self.root = master
        self.root.geometry('%dx%d' % (500, 300))
        self.username = tk.StringVar()
        self.password = tk.StringVar()
        self.E1=tk.Entry(self.root)
        self.createPage( )
    def loginCheck(self):
        name = self.username.get().strip(" ")
        password = self.password.get().strip(" ")
        if self.isLegalUser(name,password):
            self.page.destroy()
            mp.MainPage(self.root,name)
        else:
            ms.showinfo(title='错误', message='账号或密码错误！')
            self.username.set("")
            self.password.set("")
    def isLegalUser(self,name,password):
        with open('账号密码.txt',"r",encoding='utf-8') as f:
            for line in f.readlines():
                info = line[:-1].split(",")
                if len(info)<2:
                    break
                if info[0].strip()==name and  info[1].strip()==password :
                    f.close()
                    return True
        return False
    def createPage(self):
        self.page = tk.Frame(self.root)
        self.page.pack()
        tk.Label(self.page, text = '  ').grid(row=0, stick=tk.W, pady=10)
        tk.Label(self.page, text = "高考信息管理系统", font=('Helvetica 20
bold'),background="white")\
                    .grid(row=1, columnspan=2,stick=tk.E+tk.W)
        tk.Label(self.page, text = '  ').grid(row=2, stick=tk.W, pady=10)
        tk.Label(self.page, text = '账号：').grid(row=3,stick=tk.E,pady=10)
        tk.Entry(self.page, textvariable=self.username).grid(row=3, column=1,
stick=tk.W)
        tk.Label(self.page, text = '密码：').grid(row=4,stick=tk.E,pady=10)
        tk.Entry(self.page,show="*",textvariable=self.password).grid(row=4,
column=1, stick=tk.W)
        tk.Button(self.page,text="登录",width=5,command=self.loginCheck)\
            .grid(row=5, columnspan=2,stick=tk.W,padx=50, pady=10)
        tk.Button(self.page,text="退出",width=5,command=self.page.quit)\
            .grid(row=5, columnspan=2, stick=tk.E,padx=50,pady=10)
```

3. MainPage.py 代码

```
import tkinter as tk
```

```
import EditPage as ep
import QueryPage as qp
import SortPage as sp
import AnalysisPage as ap
import UserPage as up
import csv
class MainPage(object):
    def __init__(self,master=None,name=""):
        self.root = master
        self.root.geometry('%dx%d' % (600, 600))
        self.data=[]
        self.username=name
        self.createPage( )
    def createPage(self):
        self.InsertPage = ep.InsertPage(self.root,self.data)
        self.DeletePage = ep.DeletePage(self.root,self.data)
        self.ChangePage = ep.ChangePage(self.root,self.data)
        self.QuerynumPage = qp.QueryNumPage(self.root,self.data)
        self.QuerynationPage = qp.QueryNationPage(self.root,self.data)
        self.QueryprovincePage = qp.QueryProvincePage(self.root,self.data)
        self.SortallPage = sp.SortAllPage(self.root,self.data)
        self.SortproPage = sp.SortProPage(self.root,self.data)
        self.SortkindPage = sp.SortKindPage(self.root,self.data)
        self.AnalysismaxPage = ap.AnalysisMaxPage(self.root,self.data)
        self.AnalysispeoplePage = ap.AnalysisPeoplePage(self.root,self.data)
        self.AnalysishobbyPage = ap.AnalysisHobbyPage(self.root,self.data)
        self.UserAddPage = up.UserAddPage(self.root,self.username)
        self.UserChangePage = up.UserChangePage(self.root,self.username)
        self.UserDeletePage = up.UserDeletePage(self.root,self.username)
        self.createMenu( )
    def forgetAll(self):
        self.DeletePage.pack_forget()
        self.InsertPage.pack_forget()
        self.ChangePage.pack_forget()
        self.QuerynumPage.pack_forget()
        self.QuerynationPage.pack_forget()
        self.QueryprovincePage.pack_forget()
        self.SortallPage.pack_forget()
        self.SortproPage.pack_forget()
        self.SortkindPage.pack_forget()
        self.AnalysismaxPage.pack_forget()
        self.AnalysispeoplePage.pack_forget()
        self.AnalysishobbyPage.pack_forget()
        self.UserAddPage.pack_forget()
        self.UserChangePage.pack_forget()
        self.UserDeletePage.pack_forget()
    def inputData(self):
        self.forgetAll()
        self.InsertPage.pack()
    def deletData(self):
```

```
        self.forgetAll()
        self.DeletePage.pack()
    def changeData(self):
        self.forgetAll()
        self.ChangePage.pack()
    def queryNum(self):
        self.forgetAll()
        self.QuerynumPage.pack()
    def queryNation(self):
        self.forgetAll()
        self.QuerynationPage.pack()
    def queryProvince(self):
        self.forgetAll()
        self.QueryprovincePage.pack()
    def sortAll(self):
        self.forgetAll()
        self.SortallPage.pack()
    def sortPro(self):
        self.forgetAll()
        self.SortproPage.pack()
    def sortKind(self):
        self.forgetAll()
        self.SortkindPage.pack()
    def analysisMax(self):
        self.forgetAll()
        self.AnalysismaxPage.pack()
    def analysisPeople(self):
        self.forgetAll()
        self.AnalysispeoplePage.pack()
    def analysisHobby(self):
        self.forgetAll()
        self.AnalysishobbyPage.pack()
    def userAdd(self):
        self.forgetAll()
        self.UserAddPage.pack()
    def passwordChange(self):
        self.forgetAll()
        self.UserChangePage.pack()
    def userDelete(self):
        self.forgetAll()
        self.UserDeletePage.pack()
    def ImportData(self):
        with open("成绩单.csv",'r') as f:
            f.readline( )
            for line in f:
                t=line.strip('\n').split(',')
                self.data.append(t)
    def SaveFile(self):
        with open("成绩单(新).csv",'w',newline='') as f:
            w = csv.writer(f)
```

```
            w.writerow(["编号","姓名","性别","年龄","民族","省份","文理","爱好",
"分数"])
            w.writerows(self.data)
    def createMenu(self):
        menu_main=tk.Menu(self.root)
        file_manage=tk.Menu(menu_main)
        data_change=tk.Menu(menu_main)
        data_search=tk.Menu(menu_main)
        data_sort=tk.Menu(menu_main)
        data_analysis=tk.Menu(menu_main)
        user_manage=tk.Menu(menu_main)
        file_manage.add_command(label='导入数据',command=self.ImportData)
        file_manage.add_command(label='保存文件',command=self.SaveFile)
        file_manage.add_command(label='退出',command=self.root.quit())
        data_change.add_command(label='插入',command=self.inputData)
        data_change.add_command(label='删除',command=self.deletData)
        data_change.add_command(label='修改',command=self.changeData)
        data_search.add_command(label='按编号查询',command=self.queryNum)
        data_search.add_command(label='按民族查询',command=self.queryNation)
        data_search.add_command(label='按省份和文理查询',command=self.queryProvince)
        data_sort.add_command(label='所有分数排序',command=self.sortAll)
        data_sort.add_command(label='省份分数排序',command=self.sortPro)
        data_sort.add_command(label='文理分数排序',command=self.sortKind)
        data_analysis.add_command(label='各省份的最高分',command=self.analysisMax)
        data_analysis.add_command(label='各民族的总人数',command=self.analysisPeople)
        data_analysis.add_command(label='兴趣爱好词频',command=self.analysisHobby)
        user_manage.add_command(label='添加账户',command=self.userAdd)
        user_manage.add_command(label='修改密码',command=self.passwordChange)
        user_manage.add_command(label='删除账户',command=self.userDelete)
        menu_main.add_cascade(label='文件',menu=file_manage)
        menu_main.add_cascade(label='编辑',menu=data_change)
        menu_main.add_cascade(label='查找',menu=data_search)
        menu_main.add_cascade(label='排序',menu=data_sort)
        menu_main.add_cascade(label='统计',menu=data_analysis)
        menu_main.add_cascade(label='用户',menu=user_manage)
        self.root['menu']=menu_main
```

4. EditPage.py 代码

```
import tkinter as tk
import tkinter.messagebox as ms
class InsertPage(tk.Frame):
    def __init__(self, master=None,data=[]):
        tk.Frame. __init__(self, master)
        self.root = master
        self.E1 = tk.Entry(self)
        self.E2 = tk.Entry(self)
        self.E3 = tk.Entry(self)
        self.E4 = tk.Entry(self)
        self.E8 = tk.Entry(self)
        self.E9 = tk.Entry(self)
```

```
        nation='''汉族、蒙古族、回族、苗族、傣族、彝族、黎族、藏族、壮族、满族、朝鲜族、
高山族、维吾尔族、土家族、哈萨克族、羌族、瑶族、侗族、白族、布依族、哈尼族、畲族、傈僳族、仡佬族、
东乡族、拉祜族、水族、佤族、纳西族、土族、仫佬族、锡伯族、柯尔克孜族、达斡尔族、景颇族、毛南族、
撒拉族、布朗族、塔吉克族、阿昌族、普米族、鄂温克族、怒族、京族、基诺族、德昂族、保安族、俄罗斯族、
裕固族、乌孜别克族、门巴族、鄂伦春族、独龙族、塔塔尔族、赫哲族、珞巴族'''.split('、')
        self.E5 = tk.Spinbox(self,values=tuple(nation),width=19)
        province='''河北省、山西省、辽宁省、吉林省、黑龙江省、江苏省、浙江省、安徽省、
福建省、江西省、山东省、河南省、湖北省、湖南省、广东省、海南省、四川省、贵州省、云南省、陕西
省、甘肃省、青海省、台湾省、内蒙古自治区、广西壮族自治区、北京市、天津市、上海市、重庆市、西
藏自治区、宁夏回族自治区、新疆维吾尔自治区、香港特别行政区、澳门特别行政区'''.split('、')
        self.var = tk.StringVar()
        self.var.set(province[0])
        self.E6 = tk.OptionMenu(self,self.var,*province)
        kind=('理科','文科')
        self.E7 = tk.Spinbox(self,values=kind,width=19)
        self.data=data
        self.createPage()
    def SetValue(self):
        info=[]
        if self.E1.get() and len(self.E1.get())==8:
            info.append(str(self.E1.get()))
            if len(self.E2.get())>1:
                info.append(self.E2.get())
                if self.E3.get().strip(' ')=='女'or self.E3.get().strip(' ')
=='男':
                    info.append(self.E3.get())
                    if int(self.E4.get())>=10 and int(self.E4.get())<=100:
                        info.append(self.E4.get())
                        info.append(self.E5.get())
                        info.append(self.var.get())
                        info.append(self.E7.get())
                        if self.E8.get()!='':
                            info.append(self.E8.get())
                            if int(self.E9.get())>=0:
                                info.append(self.E9.get())
                            else:
                                ms.showinfo(title="出错",message='分数不能为负数')
                                self.E9.delete(0, 'end')
                                self.E9.focus()
                        else:
                            info.append('无')
                    else:
                        ms.showinfo(title="出错",message='年龄非法')
                        self.E4.delete(0, 'end')
                        self.E4.focus()
                else:
                    ms.showinfo(title="出错",message='性别只能是:男或女')
                    self.E3.delete(0, 'end')
                    self.E3.focus()
            else:
                ms.showinfo(title="出错",message='姓名输入有误')
                self.E2.delete(0, 'end')
                self.E2.focus()
```

```
        else:
            ms.showinfo(title="出错",message='编号是8位的字符串！')
            self.E1.delete(0, 'end')
            self.E1.focus()
        self.data.append(info)
    def createPage(self):
        tk.Label(self, text = '  ').grid(row=0, stick=tk.W, pady=10)
        self.E1.grid(row=1, column=1, stick=tk.E)
        tk.Label(self, text = '编号：').grid(row=1, stick=tk.W, pady=10)
        self.E2.grid(row=2, column=1, stick=tk.E)
        tk.Label(self, text = '姓名：').grid(row=2, stick=tk.W, pady=10)
        self.E3.grid(row=3, column=1, stick=tk.E)
        tk.Label(self, text = '性别：').grid(row=3, stick=tk.W, pady=10)
        self.E4.grid(row=4, column=1, stick=tk.E)
        tk.Label(self, text = '年龄：').grid(row=4, stick=tk.W, pady=10)
        self.E5.grid(row=5, column=1, stick=tk.E)
        tk.Label(self, text = '民族：').grid(row=5, stick=tk.W, pady=10)
        self.E6.grid(row=6, column=1,sticky='NSWE', pady=5)
        tk.Label(self, text = '省份：').grid(row=6, stick=tk.W, pady=10)
        self.E7.grid(row=7, column=1, stick=tk.E)
        tk.Label(self, text = '文理：').grid(row=7, stick=tk.W, pady=10)
        self.E8.grid(row=8, column=1, stick=tk.E)
        tk.Label(self, text = '爱好：').grid(row=8, stick=tk.W, pady=10)
        self.E9.grid(row=9, column=1, stick=tk.E)
        tk.Label(self, text = '分数：').grid(row=9, stick=tk.W, pady=10)
        tk.Label(self, text = '  ').grid(row=10, stick=tk.W, pady=10)
        tk.Button(self,text="插入",width=5,command=self.SetValue).\
                    grid(row=11, stick=tk.W, pady=10)
        tk.Button(self,text="取消",width=5,command=self.quit())\
              .grid(row=11, column=1, stick=tk.E)
class DeletePage(tk.Frame):
    def __init__(self, master=None,data=[]):
        tk.Frame.__init__(self, master)
        self.root = master
        self.E1 = tk.Entry(self)
        self.data=data
        self.createPage()
    def DeleteInfo(self):
        if self.E1.get()=='':
            ms.showinfo(title="出错",message='输入的编号不能为空')
            return 0
        flag=0
        for item in self.data:
            if item[0]==self.E1.get():
                self.data.remove(item)
                flag=1
                break
        if flag==0:
            ms.showinfo(title="出错",message='输入的编号不存在')
    def createPage(self):
        tk.Label(self, text = '  ').grid(row=0, stick=tk.W, pady=10)
        tk.Label(self, text = '请输入要删除学生的编号：').grid(row=1, columnspan=2,
stick=tk.W, pady=10)
```

```
        self.E1.grid(row=2,columnspan=2,stick=tk.E)
        tk.Label(self, text = '  ').grid(row=3, stick=tk.W, pady=10)
        tk.Button(self,text="删除",width=5,command=self.DeleteInfo).\
                    grid(row=4, stick=tk.W, pady=10)
        tk.Button(self,text="取消",width=5,command=self.quit())\
                .grid(row=4, column=1, stick=tk.E)
class ChangePage(tk.Frame):
    def __init__(self, master=None,data=[]):
        tk.Frame.__init__(self, master)
        self.root = master
        self.E1 = tk.Entry(self)
        self.data=data
        self.Text=tk.Text(self,height=10)
        self.createPage()
    def ShowInText(self,item):
        title=['编号\t','姓名\t','性别\t','年龄\t','民族\t','省份\t','文理\t',
'爱好\t','分数']
        for t in title:
            self.Text.insert(tk.INSERT,t)
        self.Text.insert(tk.INSERT,'\n')
        for i in range(len(item)):
            self.Text.insert(tk.INSERT,item[i])
            self.Text.insert(tk.INSERT,"\t")
    def ShowInfo(self):
        if self.E1.get()=='':
            ms.showinfo(title="出错",message='输入的编号不能为空')
            return 0
        flag=0
        for item in self.data:
            if item[0]==self.E1.get():
                self.ShowInText(item)
                flag=1
                break
        if flag==0:
            ms.showinfo(title="出错",message='输入的编号不存在')
    def ChangeInfo(self):
        text_content = (self.Text.get("2.0","end").replace(" ","")).split("\t")
        text_content.pop()
        self.data.append( text_content )
    def createPage(self):
        tk.Label(self, text = '  ').grid(row=0, stick=tk.W, pady=10)
        tk.Label(self, text = '请输入要修改学生的编号: ').grid(row=1, column=0,
stick=tk.W, pady=10)
        self.E1.grid(row=1,column=1,stick=tk.E)
        tk.Label(self, text = '  ').grid(row=3, stick=tk.W, pady=10)
        tk.Button(self,text="显示",width=5,command=self.ShowInfo).\
                    grid(row=5, column=0,stick=tk.W, pady=10)
        tk.Button(self,text="修改",width=5,command=self.ChangeInfo).\
                    grid(row=5, column=1,stick=tk.W, pady=10)
        tk.Button(self,text="取消",width=5,command=self.quit())\
                .grid(row=5, column=2, stick=tk.E)
        self.Text.grid(row=6, columnspan=3,stick=tk.E)
```

5. QueryPage.py 代码

```
import tkinter as tk
import tkinter.messagebox as ms
class QueryNumPage(tk.Frame):
    def __init__(self, master=None,data=[]):
        tk.Frame.__init__(self, master)
        self.root = master
        self.E1 = tk.Entry(self)
        self.data=data
        self.Text=tk.Text(self,height=10)
        self.createPage()
    def ShowInText(self,item):
        title=['编号\t','姓名\t','性别\t','年龄\t','民族\t','省份\t','文理\t',
'爱好\t','分数']
        for t in title:
            self.Text.insert(tk.INSERT,t)
        self.Text.insert(tk.INSERT,'\n')
        for i in range(len(item)):
            self.Text.insert(tk.INSERT,item[i])
            self.Text.insert(tk.INSERT,"\t")
    def ShowInfo(self):
        self.Text.delete(1.0,tk.END)
        if self.E1.get()=='':
            ms.showinfo(title="出错",message='编号不能为空')
            return 0
        flag=0
        for item in self.data:
            if item[0]==self.E1.get().strip(" "):
                self.ShowInText(item)
                flag=1
                break
        if flag==0:
            ms.showinfo(title="出错",message='编号不存在')
    def close(self):
        self.Text.delete(1.0,tk.END)
        self.E1.delete(0, 'end')
        self.E1.focus()
    def createPage(self):
        tk.Label(self, text = '  ').grid(row=0, stick=tk.W, pady=10)
        tk.Label(self, text = '请输入学生编号：').grid(row=1,columnspan=2,
stick=tk.W, padx=163,pady=10)
        self.E1.grid(row=1,columnspan=2,stick=tk.E,padx=152,pady=10)
        tk.Button(self,text="显示",width=5,command=self.ShowInfo).\
                        grid(row=2,columnspan=2,stick=tk.W, padx=200,pady=10)
        tk.Button(self,text="清空",width=5,command=self.close)\
                  .grid(row=2,columnspan=2,stick=tk.E, padx=200,pady=10)
        self.Text.grid(row=3,columnspan=2,stick=tk.E)
class QueryNationPage(tk.Frame):
    def __init__(self, master=None,data=[]):
        tk.Frame.__init__(self, master)
        self.root = master
        self.E1 = tk.Entry(self)
```

```
            self.data=data
            self.Text=tk.Text(self,height=38)
            self.createPage()
        def ShowInText(self,ls):
            title=['编号\t','姓名\t','性别\t','年龄\t','民族\t','省份\t','文理
\t','爱好\t','分数']
            for t in title:
                self.Text.insert(tk.INSERT,t)
            self.Text.insert(tk.INSERT,'\n')
            for line in ls:
                for i in range(len(line)):
                    self.Text.insert(tk.INSERT,line[i])
                    self.Text.insert(tk.INSERT,"\t")
                self.Text.insert(tk.INSERT,'\n')
        def ShowInfo(self):
            self.Text.delete(1.0,tk.END)
            NationLs=[]
            if self.E1.get()=='':
                ms.showinfo(title="出错",message='民族不能为空')
                return 0
            flag=0
            for item in self.data:
                if item[4]==self.E1.get().strip(" "):
                    NationLs.append(item)
                    flag=1
            if flag==0:
                ms.showinfo(title="出错",message='输入的民族不存在')
            else:
                self.ShowInText(NationLs)
        def close(self):
            self.Text.delete(1.0,tk.END)
            self.E1.delete(0, 'end')
            self.E1.focus()
        def createPage(self):
            tk.Label(self, text = '请输入要查询的民族：').grid(row=0,columnspan=2,
stick=tk.W, padx=155,pady=10)
            self.E1.grid(row=0,columnspan=2,stick=tk.E,padx=140,pady=10)
            tk.Button(self,text="显示",width=5,command=self.ShowInfo).\
                          grid(row=1,columnspan=2,stick=tk.W, padx=200,pady=10)
            tk.Button(self,text="清空",width=5,command=self.close)\
                      .grid(row=1,columnspan=2,stick=tk.E, padx=200,pady=10)
            self.Text.grid(row=2,columnspan=2,stick=tk.E)
    class QueryProvincePage(tk.Frame):
        def __init__(self, master=None,data=[]):
            tk.Frame.__init__(self, master)
            self.root = master
            self.E1 = tk.Entry(self)
            self.E2 = tk.Entry(self)
            self.data=data
            self.Text=tk.Text(self,height=30)
            self.createPage()
        def ShowInText(self,ls):
            title=['编号\t','姓名\t','性别\t','年龄\t','民族\t','省份\t','文理\t',
```

```
'爱好\t','分数']
        for t in title:
            self.Text.insert(tk.INSERT,t)
        self.Text.insert(tk.INSERT,'\n')
        for line in ls:
            for i in range(len(line)):
                self.Text.insert(tk.INSERT,line[i])
                self.Text.insert(tk.INSERT,"\t")
            self.Text.insert(tk.INSERT,'\n')
    def ShowInfo(self):
        self.Text.delete(1.0,tk.END)
        ProLs=[]
        if self.E1.get()=='':
            ms.showinfo(title="出错",message='省份不能为空')
            self.E1.focus()
            return 0
        else:
            if self.E2.get()=='':
                ms.showinfo(title="出错",message='文理不能为空')
                self.E2.focus()
                return 0
        flag=0
        for item in self.data:
            if item[5]==self.E1.get().strip(" ") and item[6]==self.E2.get().
strip(" "):
                ProLs.append(item)
                flag=1
        if flag==0:
            ms.showinfo(title="出错",message="不存在"+self.E1.get().strip(" ")+
'的'+self.E2.get().strip(" ")+"学生")
        else:
            self.ShowInText(ProLs)
    def close(self):
        self.Text.delete(1.0,tk.END)
        self.E1.delete(0, 'end')
        self.E2.delete(0, 'end')
        self.E1.focus()
    def createPage(self):
        tk.Label(self, text = '省份: ').grid(row=0,columnspan=3,stick=tk.W,
padx=50,pady=10)
        self.E1.grid(row=0,columnspan=3,stick=tk.W,padx=60,pady=10)
        tk.Label(self, text = '文理科: ').grid(row=0,columnspan=3,stick=tk.E,
padx=60,pady=10)
        self.E2.grid(row=0,columnspan=3,stick=tk.E,padx=50,pady=10)
        tk.Button(self,text="显示",width=5,command=self.ShowInfo).\
                        grid(row=1,columnspan=3,stick=tk.W, padx=170,pady=10)
        tk.Button(self,text="清空",width=5,command=self.close)\
                .grid(row=1,columnspan=3,stick=tk.E, padx=170,pady=10)
        self.Text.grid(row=2,columnspan=3,stick=tk.E)
```

6. SortPage.py 代码

```
import tkinter as tk
import tkinter.messagebox as ms
class SortAllPage(tk.Frame):
```

```
    def __init__(self, master=None,data=[]):
        tk.Frame.__init__(self, master)
        self.root = master
        self.data=data
        self.Text=tk.Text(self,height=41)
        self.createPage()
    def ShowInText(self,sortls):
        title=['编号\t','姓名\t','性别\t','年龄\t','民族\t','省份\t','文理\t',
'爱好\t','分数']
        for t in title:
            self.Text.insert(tk.INSERT,t)
        self.Text.insert(tk.INSERT,'\n')
        for line in sortls:
            for i in range(len(line)):
                self.Text.insert(tk.INSERT,line[i])
                self.Text.insert(tk.INSERT,"\t")
            self.Text.insert(tk.INSERT,'\n')
    def ShowInfoAsc(self):
        self.Text.delete(1.0,tk.END)
        if len(self.data)==0:
            ms.showinfo(title="出错",message='没有学生数据')
            return 0
        else:
            AfterSort=sorted(self.data,key=(lambda x:x[8]))
        self.ShowInText(AfterSort)
    def ShowInfoDes(self):
        self.Text.delete(1.0,tk.END)
        if len(self.data)==0:
            ms.showinfo(title="出错",message='没有学生数据')
            return 0
        else:
            AfterSort=sorted(self.data,key=(lambda x:x[8]),reverse=True)
        self.ShowInText(AfterSort)
    def close(self):
        self.Text.delete(1.0,tk.END)
    def createPage(self):
        tk.Button(self,text="升序",width=5,command=self.ShowInfoAsc).\
                        grid(row=0,columnspan=2,stick=tk.W, padx=100,pady=10)
        tk.Button(self,text="降序",width=5,command=self.ShowInfoDes).\
                        grid(row=0,columnspan=2,stick=tk.W, padx=250,pady=10)
        tk.Button(self,text="清空",width=5,command=self.close)\
                .grid(row=0,columnspan=2,stick=tk.E, padx=100,pady=10)
        self.Text.grid(row=1,columnspan=2,stick=tk.E)
class SortProPage(tk.Frame):
    def __init__(self, master=None,data=[]):
        tk.Frame.__init__(self, master)
        self.root = master
        self.E1 = tk.Entry(self)
        self.data=data
        self.Text=tk.Text(self,height=38)
        self.createPage()
    def ShowInText(self,sortls):
```

```
        title=['编号\t','姓名\t','性别\t','年龄\t','民族\t','省份\t','文理\t',
'爱好\t','分数']
        for t in title:
            self.Text.insert(tk.INSERT,t)
        self.Text.insert(tk.INSERT,'\n')
        for line in sortls:
            for i in range(len(line)):
                self.Text.insert(tk.INSERT,line[i])
                self.Text.insert(tk.INSERT,"\t")
            self.Text.insert(tk.INSERT,'\n')
    def ShowInfoAsc(self):
        self.Text.delete(1.0,tk.END)
        if len(self.data)==0:
            ms.showinfo(title="出错",message='没有学生数据')
            return 0
        else:
            flag=0
            ls_pro=[]
            for line in self.data:
                if line[5].strip(" ")==self.E1.get().strip(" "):
                    ls_pro.append(line)
                    flag=1
            if flag==0:
                ms.showinfo(title="出错",message='没有'+self.E1.get()+'的学生')
            else:
                AfterSort=sorted(ls_pro,key=(lambda x:x[8]))
                self.ShowInText(AfterSort)
    def ShowInfoDes(self):
        self.Text.delete(1.0,tk.END)
        if len(self.data)==0:
            ms.showinfo(title="出错",message='没有学生数据')
            return 0
        else:
            flag=0
            ls_pro=[]
            for line in self.data:
                if line[5].strip(" ")==self.E1.get().strip(" "):
                    ls_pro.append(line)
                    flag=1
            if flag==0:
                ms.showinfo(title="出错",message='没有'+self.E1.get()+'的学生')
            else:
                AfterSort=sorted(ls_pro,key=(lambda x:x[8]),reverse=True)
                self.ShowInText(AfterSort)
    def close(self):
        self.Text.delete(1.0,tk.END)
        self.E1.delete(0,'end')
        self.E1.focus()
    def createPage(self):
        tk.Label(self, text = '请输入省份: ').\
                 grid(row=0,columnspan=2,stick=tk.W, padx=175,pady=10)
        self.E1.grid(row=0,columnspan=2,stick=tk.E,padx=165,pady=10)
        tk.Button(self,text="升序",width=5,command=self.ShowInfoAsc).\
                            grid(row=1,columnspan=2,stick=tk.W, padx=100,pady=10)
```

```
        tk.Button(self,text="降序",width=5,command=self.ShowInfoDes).\
                         grid(row=1,columnspan=2,stick=tk.W, padx=250,pady=10)
        tk.Button(self,text="清空",width=5,command=self.close)\
                 .grid(row=1,columnspan=2,stick=tk.E, padx=100,pady=10)
        self.Text.grid(row=2,columnspan=2,stick=tk.E)
class SortKindPage(tk.Frame):
    def __init__(self, master=None,data=[]):
        tk.Frame.__init__(self, master)
        self.root = master
        self.data=data
        self.Text=tk.Text(self,height=41)
        self.createPage()
    def ShowInText(self,sortls):
        title=['编号\t','姓名\t','性别\t','年龄\t','民族\t','省份\t','文理\t',
'爱好\t','分数']
        for t in title:
            self.Text.insert(tk.INSERT,t)
            self.Text.insert(tk.INSERT,'\n')
        for line in sortls:
            for i in range(len(line)):
                self.Text.insert(tk.INSERT,line[i])
                self.Text.insert(tk.INSERT,"\t")
            self.Text.insert(tk.INSERT,'\n')
    def ShowInfoAsc(self):
        self.Text.delete(1.0,tk.END)
        if len(self.data)==0:
            ms.showinfo(title="出错",message='没有学生数据')
            return 0
        else:
            AfterSort=sorted(self.data,key=(lambda x:(x[6],x[8])))
        self.ShowInText(AfterSort)
    def ShowInfoDes(self):
        self.Text.delete(1.0,tk.END)
        if len(self.data)==0:
            ms.showinfo(title="出错",message='没有学生数据')
            return 0
        else:
            AfterSort=sorted( self.data,key=(lambda x:(x[6],x[8])),reverse=True )
        self.ShowInText(AfterSort)
    def close(self):
        self.Text.delete(1.0,tk.END)
    def createPage(self):
        tk.Button(self,text="升序",width=5,command=self.ShowInfoAsc).\
                         grid(row=0,columnspan=2,stick=tk.W, padx=100,pady=10)
        tk.Button(self,text="降序",width=5,command=self.ShowInfoDes).\
                         grid(row=0,columnspan=2,stick=tk.W, padx=250,pady=10)
        tk.Button(self,text="清空",width=5,command=self.close)\
                 .grid(row=0,columnspan=2,stick=tk.E, padx=100,pady=10)
        self.Text.grid(row=1,columnspan=2,stick=tk.E)
```

7. AnalysisPage.py 代码

```
import tkinter as tk
import tkinter.messagebox as ms
```

```
import matplotlib.pyplot as plt
import jieba
from wordcloud import WordCloud
class AnalysisMaxPage(tk.Frame):
    def __init__(self, master=None,data=[]):
        tk.Frame.__init__(self, master)
        self.root = master
        self.data=data
        self.Text=tk.Text(self,height=41)
        self.createPage()
    def ShowInText(self,data_dict1,data_dict2):
        title=['省份\t\t','最高分\t\t','最低分\t']
        for t in title:
            self.Text.insert(tk.INSERT,t)
        self.Text.insert(tk.INSERT,'\n--------------------------------\n')
        pro=list(data_dict1)
        max_score=list(data_dict1.values())
        min_score=list(data_dict2.values())
        for i in range(len(data_dict1)):
            self.Text.insert(tk.INSERT,pro[i])
            self.Text.insert(tk.INSERT,"\t\t")
            self.Text.insert(tk.INSERT,max_score[i])
            self.Text.insert(tk.INSERT,"\t\t")
            self.Text.insert(tk.INSERT,min_score[i])
             self.Text.insert(tk.INSERT,'\n----------------------------\n')
    def GetDictMax(self,data_dict):
        for key in data_dict:
            max_score=data_dict[key]
            for line in self.data:
                if line[5].strip(" ")==key:
                    max_score=max( max_score,int(line[8]) )
            data_dict[key]=max_score
        return data_dict
    def GetDictMin(self,data_dict):
        for key in data_dict:
            min_score=data_dict[key]
            for line in self.data:
                if line[5].strip(" ")==key:
                    min_score=min( min_score,int(line[8]) )
            data_dict[key]=min_score
        return data_dict
    def GetDict(self):
        if len(self.data)==0:
            ms.showinfo(title="出错",message='没有学生数据')
            return 0
        else:
            data_dict={}
            for line in self.data:
                data_dict[line[5]]=int(line[8])
        return data_dict
    def ShowInfo(self):
        self.Text.delete(1.0,tk.END)
        self.ShowInText(    self.GetDictMax(self.GetDict()),self.GetDictMin
```

```
(self.GetDict()) )
        def ShowInLine(self):
            max_score_dict=self.GetDictMax( self.GetDict() )
            max_value=list(max_score_dict.values())
            key=list( max_score_dict.keys())
            min_score_dict=self.GetDictMin( self.GetDict() )
            min_value=list(min_score_dict.values())
            plt.rcParams['font.sans-serif']=['SimHei','Times New Roman']
            plt.rcParams['axes.unicode_minus']=False
            fig1 = plt.figure()
            fig1.set_facecolor('blueviolet')
            plt.subplot(211)
            plt.title('各省分数统计',fontproperties='STKAITI',fontsize=20)
            plt.ylabel('最高分',fontproperties='simhei',fontsize=12)
            plt.plot(key,max_value,marker='o',   mec='r',   mfc='w',color='b',
linestyle='-',linewidth=2)
            plt.subplot(212)
            plt.xlabel('省份',fontproperties='STKAITI',fontsize=12)
            plt.ylabel('最低分',fontproperties='simhei',fontsize=12)
            plt.plot(key,min_value,marker='*',   mec='k',   mfc='w',color='c',
linestyle=':',linewidth=2)
            plt.show()
        def createPage(self):
            tk.Button(self,text="文本方式",width=10,command=self.ShowInfo).\
                        grid(row=0,columnspan=2,stick=tk.W,     padx=180,
pady=10)
            tk.Button(self,text="图形方式",width=10,command=self.ShowInLine)\
                  .grid(row=0,columnspan=2,stick=tk.E, padx=180,pady=10)
            self.Text.grid(row=1,columnspan=2,stick=tk.E)
    class AnalysisPeoplePage(tk.Frame):
        def __init__(self, master=None,data=[]):
            tk.Frame.__init__(self, master)
            self.root = master
            self.Text=tk.Text(self,height=41)
            self.data=data
            self.createPage()
        def ShowInText(self,data_dict):
            title=['民族\t','人数\t']
            for t in title:
                self.Text.insert(tk.INSERT,t)
            self.Text.insert(tk.INSERT,'\n')
            for key,value in data_dict.items():
                self.Text.insert(tk.INSERT,key)
                self.Text.insert(tk.INSERT,'\t')
                self.Text.insert(tk.INSERT,value)
                self.Text.insert(tk.INSERT,'\n')
        def GetDict(self):
            if len(self.data)==0:
                ms.showinfo(title="错误",message="没有学生数据")
                return 0
            else:
                data_dict={}
                for line in self.data:
```

```
                data_dict[line[4]]=data_dict.get(line[4],0)+1
            return data_dict
        def ShowInData(self):
            self.ShowInText(self.GetDict())
        def ShowInPic(self):
            Peo_dict=self.GetDict()
            value=list(Peo_dict.values())
            key=list( Peo_dict.keys())
            x = list(range(len(key))) # the label locations
            plt.rcParams['font.sans-serif']=['SimHei','Times New Roman']
            plt.rcParams['axes.unicode_minus']=False
            plt.bar(x,value,width=0.2,tick_label=key)
            plt.title('各民族人数统计',fontproperties='STKAITI',fontsize=20)
            plt.xlabel('民族',fontproperties='STKAITI',fontsize=18)
            plt.ylabel('人数',fontproperties='simhei',fontsize=18)
            plt.show()
        def createPage(self):
            tk.Button(self,text="文本方式",width=10,command=self.ShowInData).\
                        grid(row=0,columnspan=2,stick=tk.W,padx=180,pady =10)
            tk.Button(self,text="图形方式",width=10,command=self.ShowInPic)\
                    .grid(row=0,columnspan=2,stick=tk.E, padx=200,pady=10)
            self.Text.grid(row=1,columnspan=2,stick=tk.E)
class AnalysisHobbyPage(tk.Frame):
        def __init__(self, master=None,data=[]):
            tk.Frame.__init__(self, master)
            self.root = master
            self.Text=tk.Text(self,height=41)
            self.data=data
            self.createPage()

        def ShowInText(self,data_dict):
            title=['词语\t','出现次数\t']
            for t in title:
                self.Text.insert(tk.INSERT,t)
            self.Text.insert(tk.INSERT,'\n')
            for key,value in data_dict.items():
                self.Text.insert(tk.INSERT,key)
                self.Text.insert(tk.INSERT,'\t')
                self.Text.insert(tk.INSERT,value)
                self.Text.insert(tk.INSERT,'\n')
        def GetWordStr(self):
            wordstr=''
            for line in self.data:
                wordstr=wordstr+line[7]
            wordstr=wordstr.replace('、','').strip(' \n')
            return wordstr
        def ShowWords(self):
            if len(self.data)==0:
                ms.showinfo(title="错误",message="没有学生数据")
                return 0
            else:
                word_dict={}
                words=jieba.lcut( self.GetWordStr() )
```

```
            for word in words:
                word_dict[word]=word_dict.get(word,0)+1
            self.ShowInText(word_dict)
    def createPage(self):
        tk.Button(self,text="词频统计",width=10,command=self.ShowWords).\
                grid(row=0,columnspan=2,stick=tk.W, padx=180, pady=10)
        tk.Button(self,text="词云图",width=10,command=self.ShowWords)\
                .grid(row=0,columnspan=2,stick=tk.E, padx=200,pady=10)
        self.Text.grid(row=1,columnspan=2,stick=tk.E)
```

8. UserPage.py 代码

```
import tkinter as tk
import tkinter.messagebox as ms
import csv
class UserAddPage(tk.Frame):
    def __init__(self, master=None,username=""):
        tk.Frame. __init__(self, master)
        self.root = master
        self.user_name=username
        self.E1 = tk.Entry(self)
        self.E2 = tk.Entry(self,show="*")
        self.createPage()
    def close(self):
        self.E1.delete(0, 'end')
        self.E2.delete(0, 'end')
        self.E1.focus()
    def SaveAccount(self):
        if self.user_name=="admin":
            flag=0
            with open("账号密码.txt","r") as f:
                for line in f:
                    item=line.strip(" \n").split(",")
                    if self.E1.get().strip(" ")==item[0]:
                        ms.showinfo(title="错误",message="该账号已存在！")
                        self.close()
                        flag=1
                        break
            if flag==0:
                with open("账号密码.txt","a") as f:
                    f.write(self.E1.get().strip(" ")+","+self.E2.get().strip(""))
                    ms.showinfo(title="成功",message="已成功添加新用户！")
                    self.close()
        else:
            ms.showinfo(title="错误",message="当前账户没有该权限！")
            self.close()
    def createPage(self):
        tk.Label(self, text = '  ').grid(row=0, stick=tk.W, pady=10)
        tk.Label(self, text = '请输入新用户账号：').grid(row=1,stick=tk.W,pady=10)
        self.E1.grid(row=1,column=1,stick=tk.E)
        tk.Label(self, text = '  ').grid(row=2, stick=tk.W, pady=10)
        tk.Label(self, text = '请输入新用户密码：').grid(row=3,stick=tk.W,pady=10)
        self.E2.grid(row=3,column=1,stick=tk.E)
        tk.Label(self, text = '  ').grid(row=4, stick=tk.W, pady=10)
        tk.Button(self,text="保存",width=5,command=self.SaveAccount)\
```

```
                .grid(row=5, stick=tk.W, pady=10)
            tk.Button(self,text="取消",width=5,command=self.close)\
                .grid(row=5, column=1, stick=tk.E)
    class UserChangePage(tk.Frame):
        def __init__(self, master=None,username=""):
            tk.Frame.__init__(self, master)
            self.root = master
            self.user_name=username

            self.E1 = tk.Entry(self)
            self.E2 = tk.Entry(self,show="*")
            self.E3 = tk.Entry(self,show="*")
            self.createPage()

        def close(self):
            self.E1.delete(0, 'end')
            self.E2.delete(0, 'end')
            self.E3.delete(0, 'end')
            self.E1.focus()

        def SaveAccount(self):
            with open("账号密码.txt","r") as f_r:
                lines=f_r.readlines()

            flag=0
            with open("账号密码.txt","w") as f_w:
                for line in lines:
                    item=line.strip(" \n").split(",")
                    if  item[0]==self.E1.get().strip("  ")  and  item[1]==self.
E2.get().strip(" "):
                        newline=item[0]+","+self.E3.get().strip(" ")
                        flag=1
                        continue
                    f_w.write(line)
                if flag==0:
                    ms.showinfo(title="错误",message="原账户或密码错误！")
                    self.close()
                else:
                    f_w.write("\n")
                    f_w.write(newline)

        def createPage(self):
            tk.Label(self, text = '  ').grid(row=0, stick=tk.W, pady=10)
            tk.Label(self, text = '请输入原账号：').grid(row=1,stick=tk.W,pady=10)
            self.E1.grid(row=1,column=1,stick=tk.E)
            tk.Label(self, text = '请输入原密码：').grid(row=2,stick=tk.W,pady=10)
            self.E2.grid(row=2,column=1,stick=tk.E)

            tk.Label(self, text = '请输入新密码：').grid(row=3,stick=tk.W,pady=10)
            self.E3.grid(row=3,column=1,stick=tk.E)

            tk.Label(self, text = '  ').grid(row=4, stick=tk.W, pady=10)

            tk.Button(self,text="修改",width=5,command=self.SaveAccount)\
```

```
                    .grid(row=6, stick=tk.W, pady=10)

            tk.Button(self,text="取消",width=5,command=self.close)\
                    .grid(row=6, column=1, stick=tk.E)
    class UserDeletePage(tk.Frame):
        def __init__(self, master=None,username=""):
            tk.Frame.__init__(self, master)
            self.root = master
            self.user_name=username
            self.E1 = tk.Entry(self)
            self.createPage()
        def close(self):
            self.E1.delete(0, 'end')
            self.E1.focus()
        def SaveAccount(self):
            if self.user_name=="admin":
                with open("账号密码.txt","r") as f_r:
                    lines=f_r.readlines()
                flag=0
                with open("账号密码.txt","w") as f_w:
                    for line in lines:
                        item=line.strip(" \n").split(",")
                        if item[0]==self.E1.get().strip(" "):
                            flag=1
                            continue
                        f_w.write(line)
                    if flag==0:
                        ms.showinfo(title="错误",message="不存在该账号！")
                        self.close()
                    else:
                        ms.showinfo(title="成功",message="成功删除账号为："+self.E1.
get().strip(" ")+"的用户")
                        self.close()
            else:
                ms.showinfo(title="错误",message="当前账户没有该权限！")
                self.close()
        def createPage(self):
            tk.Label(self, text = '  ').grid(row=0, stick=tk.W, pady=10)
            tk.Label(self, text = '  ').grid(row=1, stick=tk.W, pady=10)
            tk.Label(self,  text  =  '请输入要删除的账号：  ').grid(row=2,
stick=tk.W,pady=10)
            self.E1.grid(row=2,column=1,stick=tk.E)
            tk.Label(self, text = '  ').grid(row=3, stick=tk.W, pady=10)
            tk.Button(self,text="删除",width=5,command=self.SaveAccount)\
                    .grid(row=4, stick=tk.W, pady=10)
            tk.Button(self,text="取消",width=5,command=self.close)\
                    .grid(row=4, column=1, stick=tk.E)
```

习　题

编程题

仿照本章给出的程序代码，编程实现学生信息管理系统。

附　　录

附录A　Python关键字

若想查询 Python 中有哪些关键字，可以先导入 keyword 模块。

程序代码：

```
import keyword                                  #导入关键字模块
>>> print(keyword.iskeyword('or'))              #判断'or'是否为关键字
True
>>> print(keyword.iskeyword('true'))            #判断'true'是否为关键字
False
>>>print(keyword.kwlist)                        #输出Python所有的关键字
```

运行情况：

```
['False', 'None', 'True', 'and', 'as', 'assert', 'async', 'await', 'break', 'class', 'continue', 'def', 'del', 'elif', 'else', 'except', 'finally', 'for', 'from', 'global', 'if', 'import', 'in', 'is', 'lambda', 'nonlocal', 'not', 'or', 'pass', 'raise', 'return', 'try', 'while', 'with', 'yield']
```

附录B　GUI组件属性

表 B-1　组件通用属性

选　项	参 数 描 述
foreground(fg)	前景色，可以使用十六进制数（例如'#fff'）表示颜色，或者直接用标准颜色（例如'white'）表达
background(bg)	背景色，表示方式与前景色一样
borderwidth(bd)	组件外围 3D 边界的宽度
font	通过(<字体>,<字号>)设置文本的字体字号
width	组件每行显示字符的个数
relief	组件风格，可以是'flat'、'raised'、'sunken'、'groove'、'ridge'和'solid'
takefocus	设置焦点，可选值 0,1
highlightcolor	组件有焦点时的颜色

表 B-2　标签组件选项

选　项	参 数 描 述
text	设置标签显示的文本内容，若为多行文本，可以使用'\n'分隔
height	标签显示文本的行数，如果不指定，标签按照文本内容自动适应
bitmap	在标签上显示位图
anchor	指定文本起始位置，可选值有'center' (默认值)、'n'、's'、'w'、'e'、'ne'、'nw'、'sw'和'se'，e、s、w、n 是东南西北英文的首字母
Image	在标签上显示图
compound	指定文本与图像在标签上的显示位置，可选值有'left'：图像居左，'right'：图像居右，'top'：图像居上，'bottom'：图像居下，'center'：文字覆盖在图像上
state	指定标签的状态，默认值是 'normal'。还可以设置 'active' 或 'disabled'
cursor	指定鼠标指针经过标签的时候，鼠标指针的样式，可选值为'arrow'、'man'、'pencil'、'top_left_arrow'，默认由系统指定
textvariable	设置文本变量
activebackground	当标签处于活动状态（通过 state 选项设置状态），显示的背景颜色
activeforeground	当标签处于活动状态（通过 state 选项设置状态），显示的前景颜色

表 B-3　按钮组件选项

选　项	参 数 描 述
text	设置按钮显示的文本内容
underline	文本下画线，默认没有，值为正时文本有下画线
command	按下按钮时调用的函数或者方法
height	按钮显示文本的行数或者图像的高度（像素数）
bitmap	在按钮上显示位图
Image	在按钮上显示图像

续表

选　项	参 数 描 述
Anchor	指定文本起始位置，可选值有'center' (默认值)、'n'、's'、'w'、'e'、'ne'、'nw'、'sw'和'se'，e、s、w、n 分别是东、南、西、北英文的首字母
cursor	指定鼠标指针的样式，可选值为'arrow'、'man'、'pencil'、'top_left_arrow'，默认由系统指定
default	值包括'normal'（默认值）以及'disabled'（按下无响应）
textvariable	设置文本变量

表 B-4　输入框组件选项

选　项	参 数 描 述
cursor	指定鼠标指针的样式，可选值为'arrow'、'man'、'pencil'、'top_left_arrow'，默认由系统指定
state	指定输入框的状态，值可以是 'disabled' (禁止输入)、'active' (允许输入)或'readonly' (只读信息)
show	默认情况下输入内容会直接显示，如果 show='*'，可实现加密，输入内容以*显示
disabledbackground	当输入框的 state='disabled'时，显示的背景颜色
disabledforeground	当输入框的 state='disabled'时，显示的前景颜色
exportselection	值为 1 时，自动复制选择的输入框信息；平时可以设置为 0
justify	字符串对齐方式，有'left'、'right'以及'center'几种选项
insertbackground	在输入框中插入文本时光标的颜色，默认颜色为黑色
insertborderwidth	在输入框中插入文本时光标的边缘宽度
insertwidth	在输入框中插入文本时光标的宽度
xscrollcommand	设置水平方向滚动条，在用户输入的文本框内容宽度大于文本框显示的宽度时使用
textvariable	使用 textvariable 将变量与 Entry 绑定，可以在 Entry 中设定初始值

附录C　Matplot相关函数参数

表 C-1　plot()函数表示颜色字符参数

字　　符	颜　　色	字　　符	颜　　色
'b'	蓝色，blue	'm'	品红，magenta
'g'	绿色，green	'y'	黄色，yellow
'r'	红色，red	'k'	黑色，black
'c'	青色，cyan	'w'	白色，white

表 C-2　plot()函数表示类型字符参数

字　　符	描　　述	字　　符	描　　述
'-'	实线样式	'3'	左箭头标记
'--'	短横线样式	'4'	右箭头标记
'-.'	点画线样式	's'	正方形标记
':'	虚线样式	'p'	五边形标记
'.'	点标记	'*'	星形标记
','	像素标记	'h'	六边形标记 1
'o'	圆标记	'H'	六边形标记 2
'v'	倒三角标记	'+'	加号标记
'^'	正三角标记	'x'	X 标记
'<'	左三角标记	'D'	菱形标记
'>'	右三角标记	'd'	窄菱形标记
'1'	下箭头标记	'|'	竖直线标记
'2'	上箭头标记	'_'	水平线标记

表 C-3　bar()函数属性参数

字　　符	描　　述
left	x 轴的位置序列
height	柱形图的高度，也就是 y 轴的数值
alpha	柱形图的颜色透明度
width	柱形图的宽度
color（facecolor）	柱形图填充的颜色
edgecolor	图形边缘颜色
label	解释每个图像代表的含义
linewidth（linewidths / lw）	边缘或线的宽度

表 C-4　scatter()函数属性参数

字　　符	描　　述
x	指定 x 轴数据
y	指定 y 轴数据
s	指定散点的大小
c	指定散点的颜色
alpha	指定散点的透明度
linewidths	指定散点边框线的宽度
edgecolors	指定散点边框的颜色
marker	指定散点的图形样式
cmap	指定散点的颜色映射，会使用不同的颜色来区分散点的值